JN096268

内緒にしといて

長井短

晶文社

表紙写真
佐藤麻優子
ブックデザイン
脇田あすか（コズフィッシュ）

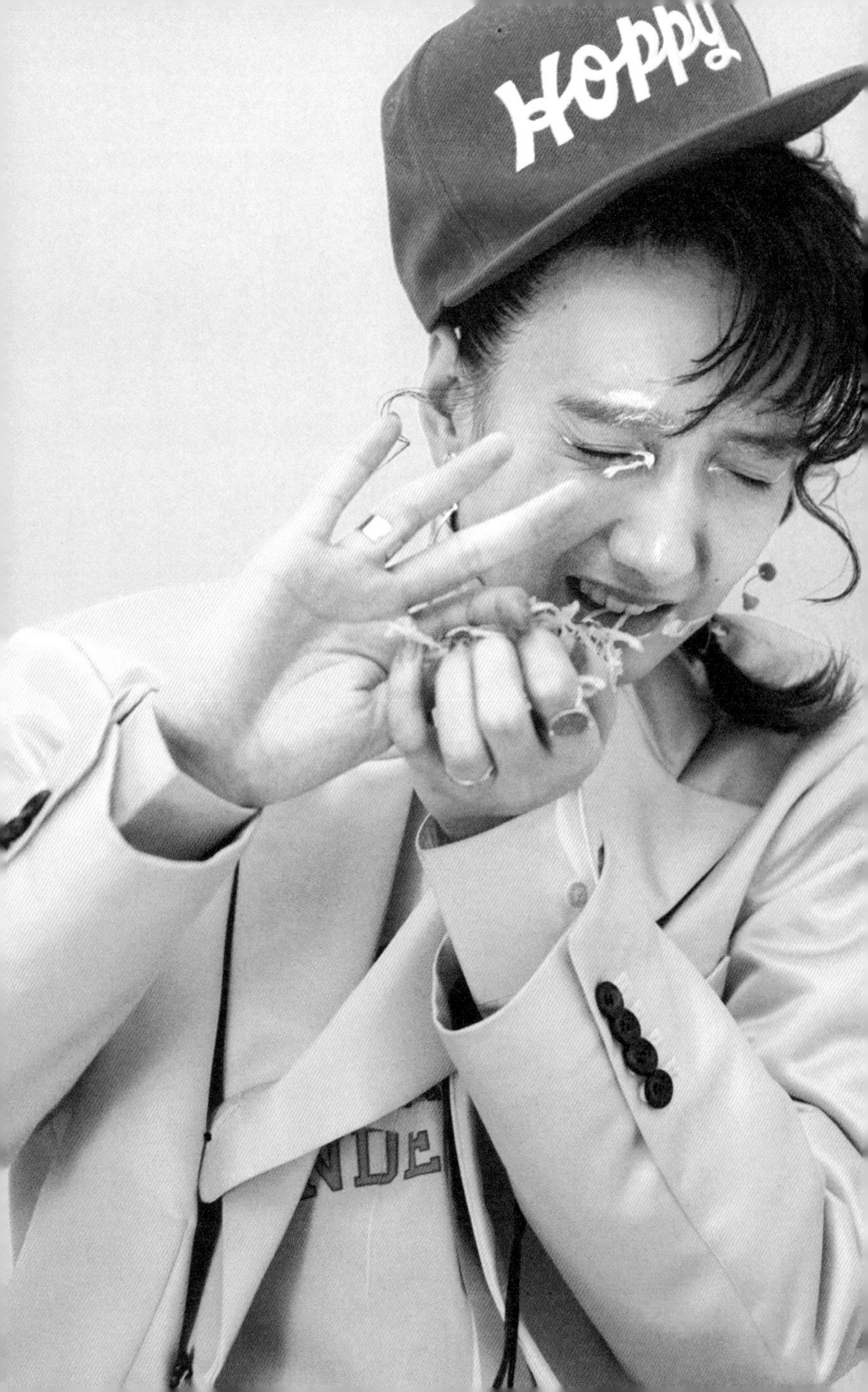
Hoppy

コラムを書き始めたのは24歳の時だった。あの頃の私は、今よりもっと仕事がなくて、彼氏もいなくて、人間として、あんまりいい状態ではなかったように思う。でも、だからこそ持てた視点があって、そのおかげで書けたことも沢山ある。それは全然可愛らしかったりキラキラしたタイプのものではない。この本には私の性格の悪さが詰まっていて

自分が思っていることよりも、相手がどう思っているかの方が気になって、本当に言いたいことは言わずに過ごすことが多い人生だった。私が「楽しい」って感じるのは、私自身が楽しいというよりも、一緒にいる誰かが「楽しそう」にしているのを見たときで、相手が楽しそうなら私も楽しいし、そうじゃないなら私も退屈。そんな風に過ごしていると

「私性格クソなんで」って言うと大抵「いやいや～そんなことないでしょ～」って返される。その度に私は真顔で「いや、ガチっす」と返答して、相手は「またぁ～面白いなぁ」とか言ってくるんだけど、全然面白くない。ナメてもらっちゃ困る。普通にいい人だと思われると本性がバレた時に損するから嫌なのだ。最初から、クソ人間だと思って接して欲しい。

ちょっと待って～！　タイムタイム！

このページは所謂「まえがき」ってやつなんだけど、マジで何をどう書けばいいかわからない。ご覧の通り、既に3パターンの書き出しが生まれちゃってるけど、どれも全然しっくりこないの。

何よまえがきって～ググってみたら「本の内容を大まかに説明する役割」とか出てくるけど、ムズ！　簡単に言うなよ～。

この本はたぶん、私長井短の心の中というか、その時その時に感じていた嬉しさだったり悲しさだったり怒りだったりが、主に恋愛の観点から書かれています。

重要なのは「その時その時に感じていた」っていうところで、この本には約2年半分の私が詰まってるの。その私は、一人ではなくて、たぶん3万人くらいいる。連続しているけど同じではなくて、何か起きても起きなくても、私は変わり続けている。だからたぶん「24ページと107ページで言ってること違くね？」みたいなことが起きます！

だけど、それの何が悪いの？

矛盾した、沢山の自分を丸ごと愛して生きていきたいと思って、この本を作りました。

今の自分とは相入れない一年前の自分のことも、未来にちゃんと引きずって生きたいのです。

今までの私と、今の私が混ざり合ったこの本のどこかに、いつかのあなたがいますように。

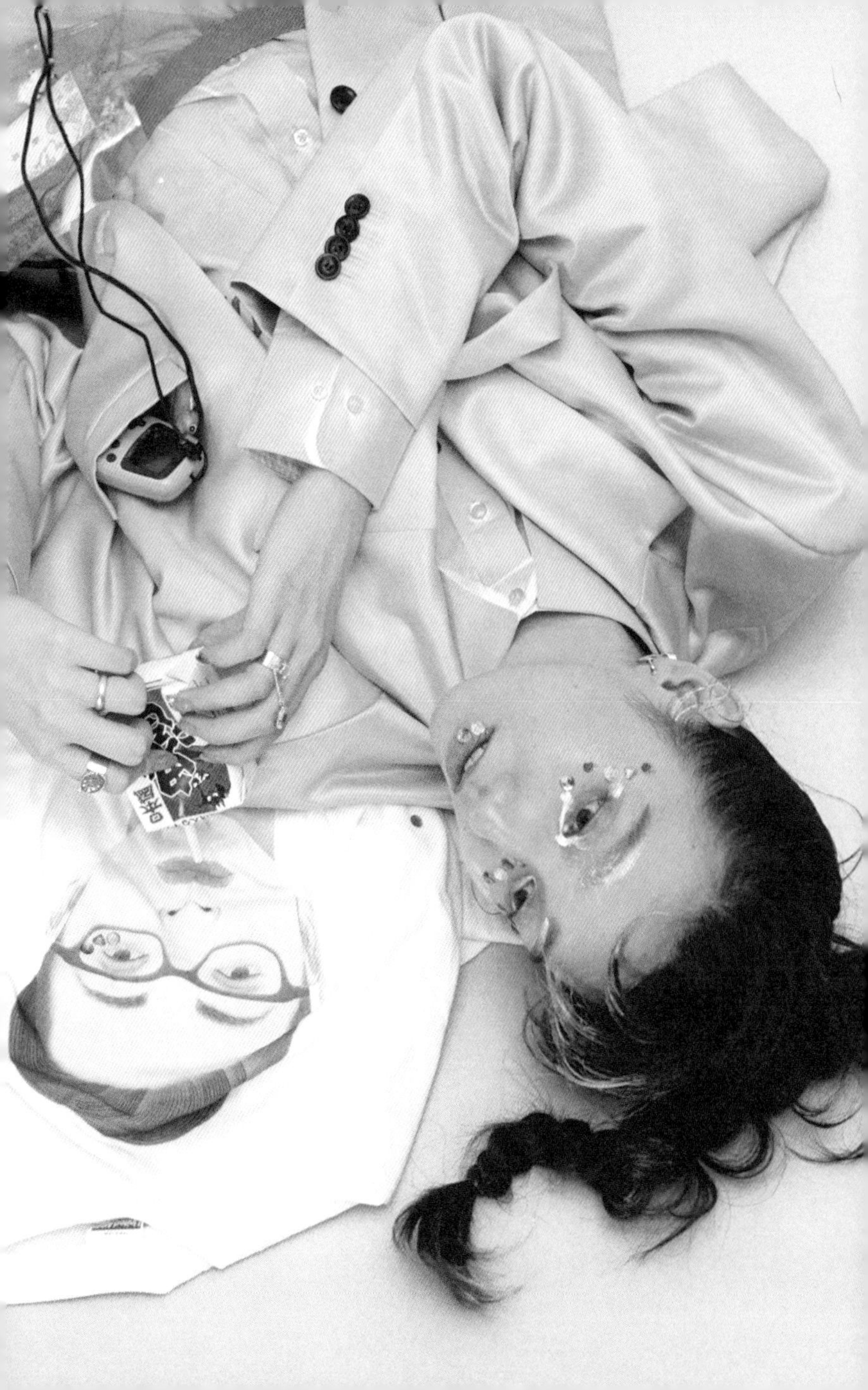

目次

まえがき　6

第1章　みんなちがう、みんなかわいい　13
ねぇ、あの子いつもちやほやされてるけどそんなに可愛い？　14
ねぇ、どうしてあの子はずっとヒロインでいられるの？　20
ねぇ、私たちモテたがってもいつもモテないから趣向変えない？　26
ねぇ、自分のモテばかり考えないで、あの人の思い出に思い馳せてみない？　32
「あざとい＝ぶりっ子じゃないぜ」元祖あざとい豊臣秀吉　37
「彼氏欲し～」って罠じゃない？　44

明日に備える女　42
明日に備える長井　43
長井短のひとりごと　49

第2章　あの人を好きって決めたのは私　57
君たち絶対この後ホテル行くのになんで気付かないふりできるの？　58
ねぇ、私たちどうしてあなたと両思いってだけじゃ足りないんだろう？　64
ねぇ、あの人達すぐホテル行くけどそれあんまエロくなくない？　70
「あの人を好きって決めたのは私」腹括ってこ～　75
「愛していればなんでもできる」それって本当に愛だっけ？　80
初めて体験した匂わせ地獄飲み会が辛かったです。　85
「君に決めた～」運命の人を決めたので、結婚しました　91
わかり合えないから愛しいあなた　98

彼氏を待っている女　96
彼氏を待っている長井　97
図解でわかる！スタイリング・ヘアメイク　103

第3章 呪いは死んだから …… 105
ねぇ、あの子のインスタに親でも殺されたの？ …… 106
ねぇ、どうして私を変わり者扱いするの？ …… 111
「パリピかよ」そんな悪口もうダサいから行くしナイトプール …… 116
「金よ、愛情をなめるなよ」奢る奢らないは死んだ呪いです …… 122
「えっ!? 知らないの!?」理解を断絶するリアクションもうやめない？ …… 127
「パパとママから生まれたわたし」の心の中は両性だから …… 132

長井短のなりたい職業ベスト3 137

第4章 女の子だから何？ …… 145
「生理だるくない？」この話うちら2時間は語れるよね〜 …… 146
「傷つけないと気が済まないの」ＰＭＳ地獄へようこそ …… 151
「脱・可愛い宣言」 …… 157
胸って別に膝 …… 162

写メ日記 167

第5章 私の、私による、私のための …… 173
ねぇ、私たちいつまでひとりぼっちを気取っていくの？ …… 174
ねぇ、私たちの自己肯定感は自分で自分のために生み出そうよ …… 179
「あいつらおしゃれで羨ましいな」それでも自分の「好き」を大切にしたい …… 185
「悲しいのに笑うのそろそろやめたい」私は私が守りぬこうよ …… 191
「弱いところがかわいいね」なんて可愛がられ方もうやめだ …… 197

あとがき 203

プロフィール帳 206

MIXED NUTS
ミックスナッツ
日本盛
鬼ころし
日本酒
180ml
MIXED NUTS

第1章 みんなちがう、みんなかわいい

ねえ、あの子いつもちやほやされてるけどそんなに可愛い？

どうも、モデルと女優をやっている長井短です。

「モデルと女優」って、やばい挨拶ですね。「さぞキラキラした人生を送ってるんだろうな」と思われてしまうかもしれませんが、全くそんなことないです。

いや、正直こういう仕事すれば勝手にモテるのかなと期待してました。全然だわ。モテません。

せめておしゃれに生きてみたいと思うんですが、基本的に全員に蔑まれていると思って生きているので、おしゃれに過ごすなんてなんだか申し訳ない。それ以前にやり方がわからない。

そんな私がプライベートで愛するもの、飲み会です。

普段人見知りの私も、お酒のおかげでペラペラおしゃべりできるし、あーもう今すぐ一軒め酒場行きたい。ついこの前も行ってきました。すぐ行っちゃう。

そしていつも楽しい……っていうのはちょっと嘘で、いつも楽しいわけではなくなってしまいました。

数少ない大好きなお友達と飲み会をしていたはずが、歳を重ねるごとに予定が合わなくなって、気付けば厳密な「お友達」と飲み会をする機会は減ってしまったのです。

代わりに増えたのは、「2回くらい会ったことある人との飲み会」という謎イベント。

あれ、これは私の愛した飲み会じゃないのでは？　と、一度は一軒め酒場への足が遠のくけどやっぱり行っちゃう。そして帰り道にいつでも感じるモヤモヤ。

「あの子、なんであんなにちやほやされてたんだろう？」

欲望にストイックな女の子

え、いません？　なんかすごいちやほやされてる女の子。この間、私の隣の席に座ったオフショルダーハイパーグロス女子もまさにそうで、

「変わってそうだよね～なんかすごい自分の世界持ってそうで羨ましい～あたしすごい普通だから恥ずかし～隣にいるの緊張する～」

……そうやって私を褒めながらどんどんハードルを高くして、私を男の子の恋愛対象からじわじわ除外することで親近感でヒロインの座を勝ち取るの、お願いだからやめてほしい。

どこにでもいる。え、どうやってるの？　あなた達どこからきたの？　そしてどこへ行くの？　頭の中は彼女たちでいっぱいなので、ちょっと真面目に考えてみようと思います。

もしもエマ・ワトソンが一軒め酒場にいたら

例えば、一軒め酒場で開催された飲み会にエマ・ワトソンがいたら。99％の確率で、その場で一番可愛いのはエマ・ワトソンです。

でもエマ・ワトソンが一番ちやほやされてるかと考えると……どうもイメージしにくい。

え、じゃああのちやほやガールズはなんだろう？

第一印象で圧倒的美しさを見せつけたわけでもないのに、いつの間にかちやほやされる彼女たちの周りに飛び交う「かわいい～」。

そんなに美人じゃないのに！

あ～言っちゃった！

でも彼女たちの欲しがり方には感心しちゃう。だって餌の撒き方がすごい。隙の作り方は見事だし、ボディタッチは呼吸と同じ。

港区勤務ツーブロックマンのしょうもないギャグに大いに笑い、笑った流れでしなだれかかって、酔ったふりしてスロウに動きつつも取り分けは光の速度。満腹でもひと口ちょうだい、寒くてもなんか暑い。求められればモノマネだってする。欲しがって欲しがって、そうしてやっと手に入れられるもの、それが「ちやほや」だ。きっとエマ・ワトソンは今更ちやほやを欲していない。

対してちやほやガールズは心底欲していて、だから日々努力してる。モテテクについての本を読み、男ウケのいい服を買ってメイクをして、興味がない話にも自我を押し込みついていく。

その努力の対価があのちやほや。正当な対価。「**求めよ、さらば与えられん**」なのね……。

みんなちがう、みんなかわいい

どうしてそこまでできるんだろう？　私も本当はちやほやされたい。

でも、こんな言い方すると「お前はエマ・ワトソン気取りか」って言われちゃいそうだけど、正直そこまで一軒め酒場でかわいいと言われたいとは思えない。

だって、一軒め酒場で言われる「かわいい」を、本当の「かわいい」だと思える？　私はどうしてもそうは思えんのです。

私だってモテたい。でも、港区勤務ツーブロックマンからあの手この手で引き出すかわいいのために自分殺せない。

だからモテない。わかってるよ！

でもさ、そこでガールズが手に入れた「かわいい」って、自身に向けられた言葉ではなく、振る舞いに向けられたものだからね。それただシンプルに努力への対価だから。努力した。それはマジでかっこいいよ。でも世の中ってちやほやだけじゃない。ちやほやされる人の方が優れているわけじゃない。

モテがこの世の全てではないはずだ。世界には他にも色々あるじゃん！　家族とか友達とかさ、ほら、色んな関係性があるじゃん‼　強がりじゃないし！　だからそんな目で見るな！

敗北感……。なんで私はガールズたちに引け目を感じて最終的には嫉妬して拳かまえちゃうんだろう。悔しい。関係ないはずなのに、どうしても、隣の芝生は青い。

でもそんな時にいつだって思い出すのは、サンリオ大先生の名言「みんなちがう。みんなかわいい」私たちはみんなちがって、みんなかわいい。

マイメロもシナモンもポムポムプリンも、3人それぞれで、それぞれかわいい。それがいいなぁ。モテたいからってマイメロの頭巾を私がつけたら怖いけど、私の長い髪はマイメロに似合わないし、マイメロ好きな男の子もいれば、私みたいに人とうまく話せないやつを「人とうまく話せなくてかわいい」って思ってくれる男の子もいるはず。

似合わないことをして一軒め酒場のヒロインになったたって、それは私の役じゃない。そこはガールズたちに任せるよ。どこでもヒロインなんて無理だもん。

背伸びするよりも　自分にちょうどいいことを

私が今一番言いたいのは「嫉妬に狂って似合わないことするのやめてこ〜」ということなのでした。高校生の頃、モテたくてやった「滑舌の悪い喋り」「アンニュイな傾き」「内股」全て裏目に出てクスリやってると思われた私が言ってるんですから、どうか聞く耳を持ってください。それ、本当に危険です。

同じように、「モテる振る舞いをしている女に嫉妬してこじらせる」っていうのもめちゃくちゃ危険です。

私そこも通ってるんで知ってるんです。「モテる振る舞いをしてる女とはちがう女」っていうベクトルの振る舞いが始まるんで、そこも結構深めの落とし穴あります。無理しても人と比べて自分を飾ってるうちは大体全部裏目に出るんです。無理してもいいことなんてないんです。

ちなみに、この間無理してクラブに行ったら、帰り道に財布をスられました。そういうことです。

ねえ、どうしてあの子はずっとヒロインでいられるの？

寝ても覚めてもモテたい毎日を送っています。
皆さんはどうですか？　私はモテたいと思いながらもなんの努力もできてません。
あわよくばこうやって飯食って酒飲んでるだけでモテたい。でもそれってやっぱムズい
のかなと思うので、もう一度真剣にモテについて考えてみるか……。
というわけで、今回は改めて「モテるとは何か」に向き合おうと思います。

大解剖！　それぞれのモテ方

皆さんの周りに、モテる女はいますか？　私には数人心当たりがあるのですが、一口に
「モテる女」といっても、その中にもジャンルがあるように思います。まずは「モテる女」
を細分化してみましょう。

一．努力して得た技術でモテる女
二．とにかく見た目が秀でた女

三．スピード勝負の女

四．天才

こんな感じでしょうか。それじゃあ、一つずつ解説するぞ。

一つ目の「努力して得た技術でモテる女」。14ページの主役「ちやほやガールズ」たちのジャンルです。

彼女たちについての詳しい解説は、14ページの内容を読んでもらうとして、まぁ早い話が「モテたいという気持ちに正直でそこにきちんと努力してきた人たち」ですね。偉い！

二つ目の「とにかく見た目が秀でた女」。とにかく見た目が秀でてるんです。顔だったりおっぱいだったり。

そして、見た目が秀でていてモテる女ってのは自己分析をしっかりしています。自分の体のどこが魅力的なのか、その魅力はどのくらいのものなのか。

彼女たちは自分を過大評価することもなければ、過剰な謙遜もしません。使えるものは使う、ただそれだけ。かっこいいな！

三つ目「スピード勝負の女」。彼女たちは速い……とにかく速い。常人が「この人いいかも……」と思う1ヶ月前に彼女たちは気付きます。「この人はいい」動物的勘で瞬時にパートナー候補を選び、すぐに行動に移します。

どんなに魅力的な女の子も、速度には勝てません。彼女たちは抜群の瞬発力で、男の子に向かっていくのです。

別に、それが間違いだったとしてもいいんです。そしたらすぐ別れてすぐ次行きます。

「間違えちゃったらまたやり直せばいいじゃん」

失敗を恐れない勇敢さ、周囲の目を恐れぬ大胆さが彼女たちの武器です。マジでかっこいいな。

そして四つ目「天才」です。努力して得た技術も、生まれ持った魅力も、迅速な告白も。何もかもをなぎ倒し、突如私たちの前に立ち塞がる者、天才。

怖い！　怖いです！

天才ってのは天才なので分析もうまくできません。でも！　ここで諦めては天才に負けてしまう。嫌だ！　凡人が天才に勝つ日が来たっていいじゃないか、いやむしろそういう日来いよ！　天才に、勇気を出して立ち向かいましょう。

絶対的ヒロイン

天才に見た目の共通点はありません。特別に可愛い子もいれば、そうでもない子もいるし、性格のいい子も悪い子もいます。でもきっと、必ず何か共通点があるはず。

そこで私が思い当たったのは、天才たちの「主役感」です。わかってもらえるでしょうか、この主役感。言葉の通り、天才たちは「主役」として人生を生きているのです。人間は一人一人が主役だよ～という考え方がある一方で、私は、私の人生の主役であり、あなたの人生の脇役だというのもまた事実。

子供の頃、まだ自分に全能感を覚えていた時はこのことに気付かなかったけれど、大人になるにつれて気付くし、痛いほど感じますよね。

私がどんなに恋い焦がれて片思いしても、彼は私をヒロインに選んではくれなかった。彼は私ではなく別の女の子をヒロインに選んだのです。この圧倒的脇役感。心当たりがある人も多いのではないでしょうか。

しかし、天才たちは違います。天才は、ヒロインに選ばれなくてもヒロインであり続けるのです。彼が自分を選ばなくても、別の人と交際を始めても、あくまで主役は自分。「彼に選ばれなかったのは、彼は私を傷つけて振る役だったからなの。悲しかったけど、自分の人生にとってこれって必要な章で、この章を経て、次の章へ進むよ。なんならこの恋は伏線だから、あとで回収するね——!」

この感覚です。主役なんです。

世界は自分の物語で、何が起きたとしても、それは自分の物語に必要な展開。その展開を天才達は真正面から受け止めて、無邪気に涙を流したりして、そして、その涙を見た男の子は恋に落ちて、完璧な世界一丁上がり～!!

ロマンチック暴力に付き合ってられない

いいな～天才……私も完璧な世界一丁上がりしたい。でも、それって簡単じゃないんだろうな。

天才たちには、絶対に主観の視点を持ち続ける強さがあります。私たち、悲しいことや辛いことが起きた時なんとなくちょっと、環境とかタイミングとか、自分以外のせいにしてしまいませんか？　少し視点をずらして、責任を押し付ける場所はないかと探してしまうことって、あると思うんです。

でも、天才たちはこれをしません。彼・彼女達はいつでも、「責任は自分にある」と考えるのです。

「環境？　タイミング？　そんなの自分で作るもんでしょ」

強い。真の強者の意見です。「自分の努力次第で物事はどうにでもできる」。これを信じられていることが、天才達の魅力なんだと思います。だって、やっぱりみんな、強い人に惹かれるからね。

どうしても時々、強い人に憧れてしまいます。天才になりたい日もあります。

でも、最後に一つだけ、天才に喧嘩売らせてください。主役で居続けるのは別に自由だけどさ、ちょっとヒロイン過ぎません？

あなたのロマンチックに巻き込まれて傷付いた人のこと、たまには思い出してよ。お前の人生に彩りを与えるために生きてるわけじゃないんだよ。

天才として生まれなかった私たち。それでもモテたいし幸せになりたい。素質で勝てないなら優しさで勝ちましょう。他人の悲しみに敏感に過ごしたいものです。

ねえ、私たちモテたがってもいつもモテないから趣向変えない？

恋が動く季節はどれですかと聞かれたら、皆さんはどの季節を答えますか？

私はやっぱり夏かなぁ。薄着だし。

それに夏って、夏休みという巨大な休みがあるから楽しい印象が強い。

正直、私みたいな人間でも夏は無条件にテンションが上がります。意味もなく外に出かけたくなるし、大汗かきながら眠るのも大好き。

あとやっぱり、なんか夏って、モテの気配がするしね……。

今年の夏だってもちろんモテたい。でも、毎年モテたいと思って過ごしてきてモテなかったので、今年は逆に、モテたいと思わずに過ごしてみようかなって。どうでしょう。

モテたいと思ってモテなかったんだから、**モテたいと思わなければモテるんじゃないの？　どうよこれ！　真理突いた!?**

１００％馬鹿丸出しですが、異論は認めません。

今回は「モテを意識しないことで結果的に逆にモテる夏の過ごし方講座」開講です！

この講座では、一人で過ごす暑い暑い快晴の1日をシミュレーション。まずは従来の、「モテたい過ごし方」です。

喫茶店×読書＝定番モテ

まぁ無難に、おしゃれして表参道あたりの具合のいいオープンカフェに文庫本持っていくのがちょうどいいですかね。

そうだな～学生時代の夏休みに思いを馳せる夏目漱石の『こころ』なんていかがでしょうか？　これは異性からのポイント高いんじゃないですか？

「あ～このお姉さんは、すごく都会のお姉さんっぽいのに『こころ』を読んでるんだ～なんか、いいな～あのお姉さんを見てると、ノスタルジックな気持ちになるな～」

この場合『こころ』はボロボロであればあるほどいいです。古本屋で汚い『こころ』を探しましょう。

もしくは、無印良品系のワンピースを着て、近所の寂れた喫茶店に行くのも素敵ですね。この場合は、カミュの『異邦人』を持っていきましょう。この手の喫茶店にカミュは映えます。

注文はあえてホットコーヒーで冷え性を演出。夏に浮かれていないあなたの個性に、人々は惹きつけられるでしょう。

わかっていると思いますが、夏目漱石にしてもカミュにしても、SNSに投稿するのを忘れないでくださいね。ここを怠るとモテたがりが足りない！　勿体無いよ‼

では次に、「逆にモテる過ごし方」です。

｛（酒×酒）ーモテ｝＋じじい＝逆モテ

「モテたい」という感情を滅する必要があるので、まず朝から飲酒します。

起床後すぐに缶ビールを開けちゃいましょう。そうめんを食べたくなるかもしれませんが、朝からそうめんを茹でるのはなんか可愛いので禁止です。

空きっ腹にビールが完了したら、寝ます。夕方ぐらいに起きてください。

そろそろ空腹を我慢できなくなっているはずなので、出来るだけ首元のよれたTシャツを着て、近所の一番汚い中華屋に行きます。

汚い中華屋には『北斗の拳』か『アカギ』が用意されているはずなので、これを読みながら餃子と瓶ビール。これで3時間はいけますね。店主が嫌な顔をし始めたらすぐに帰りましょう。

帰り道はコンビニに寄って、缶チューハイとコンビニでしか売ってないエロ漫画みたいなのを買ってください。いつもより遠回りして、缶チューハイを飲みながら帰りましょう。「モテたいと思わなければ逆にモテる説」が正しいのであれば、この過ごし方でモテるはずなんです。

チャンスとしては、まず中華屋。汚い中華屋に女の子が一人で来ることって珍しいはずなので、その中華屋にいる人たちはほぼ全員あなたのことを意識しているはずです。

「この女の子はなんだろう？」

「どうして若いお嬢さんが一人で中華屋に？」

「北斗の拳……」

場モテしてますね。運がよければ、1杯奢ってもらえるかもしれません。豪快に飲むこと。ここで少しでもか弱い女の子感を出してしまうと、中華屋にいるじじいを緊張させてしまいます。それって迷惑です。

じじいの憩いの場を乱さないように、こちらがじじいに寄せましょう。うまく寄せることができれば、そのじじいはあなたの大切な友達になるはずです。

もう一つのチャンスはコンビニ。夏の夜に缶チューハイとエロ漫画を買うんです。これはもう、モテから遠ざかりすぎて逆にめちゃくちゃモテます。店員さんはシンプルにドキドキしているはずです。

でも、だからってあなたもドキドキしながら買ってはいけません。粗暴な態度で挑みましょう（競馬新聞とワンカップを買うじじいを真似するのがオススメ）。

この、あまりにも強気な態度。店員さんは今年の夏、あなたを忘れることはできないはず。ロマンチックですね。

よみがえるあの頃のわたし

最後は、遠回りの帰り道です。公園に寄りましょう。ベンチに座ってチューハイを飲んでいると、向こう側に、花火をする中高生が見つかりませんか？

自意識の故障で、異常に声が大きくなってしまった男女グループ。あれは、昔のあなたです。目を背けないで。あれは、昔のあなたなのです。

クラスのいつメンたちと夏休みの夜、ドンキで花火を買って公園に集まりましたね？水風船も買いましたね？　たいして仲がいいわけでもない、本当はいつメンでもなんでもない。ただなんとなく集まっただけのグループだけど、この夜だけは、永遠に友達で居られる気になれた。あぁ、彼彼女たちは元気かな。どこかのベンチで、こんなふうにチューハイ飲んでるかな。

そんなことを考えていたら、涙がこぼれ落ちます。拭かないで。びちゃびちゃのまま家に帰りましょう。昔の友達に連絡しちゃダメですよ。ＳＮＳで検索もなし。

今夜あなたは、一人きりで過ごします。自分は孤独だということに、ちゃんと向き合うのです。

大丈夫、チューハイはあなたの味方。もしどうしても淋しくなったら、さっきコンビニで買った本に手を伸ばしてください。気休めだけど、一回一人でエッチな気持ちになってみて。

「あなたみたいになりたい」

孤独を受け入れている人間は、とても魅力的です。その人には虚勢がなくて、なんだかとても楽そうだから。多くの人が「あなたみたいになりたい」と思うでしょう。

その気持ちは時間の流れの中で、恋心へと変わるはずです。

つまり、モテる。孤独な夜を越えれば越えるほど、結局モテます。

なので今年の夏は、短期的なモテ、ＳＮＳちやほや祭りではなく、長期的なモテを目指して、孤独を愛してみませんか？

ねえ、自分のモテばかり考えないで、あの人の思い出に思い馳せてみない？

突然ですが、ここで勉強の時間です。

「モテを意識しないことで逆にモテる過ごし方講座」開講したいと思います。

皆さん準備はいいですか？　怪しいセミナーに来てしまったときくらいの緊張感を持って読み進めてください。

今回は「団体での逆にモテる過ごし方」です。そもそも「団体で夏を過ごす」という現象自体がもう既にイケてて私から遠い。ですが、みんなで海に行く灼熱の1日をシミュレーションしてみましょう。まずは従来の、「モテたい過ごし方」です。

団体行動をさりげなく無視！　既存モテ

最初に強く唱えたいのは、団体行動をちょうどよく乱すことがモテへの近道です。集合時間には遅れて行きましょう。ヒロイン感を自己演出するのです。

海に着いたらビキニで大はしゃぎする前に、やたら倦怠感を持って日焼け止めを塗りましょう。「背中塗って〜」なんてありふれたことを言ってはいけません。じっとり寡黙に塗るのです。ここで、他の女性との差を一発打ち込んでおきます。色っぽいね。

日焼け止め後〜夕暮れまでは、ジブリ味を持ってはしゃぎましょう。モテたさにジブリは必須です。夕暮れが訪れたら、スーパーチャンスタイム。物憂げな顔で、団体から少し距離をとりましょう。感受性の違いを見せつけるのです。

「あれ、あの子さっきまであんなにはしゃいでいたのにどうしたんだろう？　夕日？　夕日に心動かされているのか？」

昼間とギャップのあるあなたの影に、男の子たちは翻弄されます。

夜になったら、欲望を解放する時間です。どうせ暗くて大概のものはよく見えません。心のままに動くのです。

「モテたい」という心の声に従って、多少品のないこともやっちゃいましょう。どうせよく見えないから。もちろん、この最中にインスタストーリーでの中継も必須です。海にいない男の子たちにも、同時にモテに行きましょう。

と、ここまでが「モテたい過ごし方」。モテたみが溢れておりますね〜。というわけでここからは「逆にモテる過ごし方」です。

スーパー暴君で逆モテ

まず、「モテたい」という感情を滅するために、友達がいることの喜びで胸をいっぱいにしましょう。そのワクワクを丸ごと抱えながら、集合時間きっかりに、今にもカブトムシを採らんとする少年のような格好で登場。

まだ眠たい仲間たちを目覚めさせるために、車の中では鉄板サマーJ-POPを熱唱します。音源はもちろん、あなたの作ったミックスCD。このプレイリストで絶対にモテたみを出さないでください。センスなんてどうでもいいんです。とにかくみんなを盛り上げることを一番に考えて。つまり1曲目は「慎吾ママのおはロック」一択です。

海に着いたら水着に着替えます。マジで自分の好きな水着を着ましょう。日焼け止めは更衣室で塗ってください。あなたが女であることの主張が強くなると、世界観がブレます。

遂に海水浴開始です。コーラを飲んでぶち上がりましょう。ZIMAなんて飲まないでください。

遊び方はいたってシンプル。子供時代に従兄弟と行った海を思い出してとにかく童心に戻るのです。本気出してください。相撲取ってください。男の子を砂浜に投げ飛ばしちゃいましょう。

夕暮れ時には、私服に戻りだした仲間たちを海に引きずり込みましょう。簡単に海水浴を終わらせてはいけません。この瞬間が永遠に続くようにと祈りを込めて、容赦なく水中にぶち込みましょう。

夜はストロングゼロをキメます。テンションはピークを迎え、その結果、炎がなくてもキャンプファイヤーを始めることができます。「キャンプフファイヤーみたいだね!!」を連呼して、仲間たちを踊らせましょう。ジンギスカンは帰りの車内まで続きます。

誰のあこがれにさまよう

さて、逆モテポイントの解説です。

まず、朝一番からフルスロットで登場した、虫採り少年風のあなたに間違いなく男の子は驚きます。そして、ミックスCDが再生され始めると呆気にとられるでしょう。

「大人になってから知り合ったはずなのに、なんだかこの女の子を知っている気がする」「十数年前にも、車の中で女の子と一緒におはロックを歌ったな」

モテを意識しないことで起きるこの記憶への揺さぶりは、効果的な先制パンチとなるのです。

海での姿もモテます。他の女の子たちが日焼け止めを塗ることで、女になったことを主張する中、あなたは塗らない。颯爽と更衣室から出てきて、そのまま海にじゃぼん。しかも飲み物はコーラ。男の子はまたもや、記憶を揺さぶられます。

そして、砂浜に投げ飛ばされながら思い出すのです。こんな一日がかつての夏にもあったことを。そして、その夏が大好きだったことを。

夕日の中で感傷に浸りかけると、容赦無く海に引きずり込まれる男の子。女の子の方が背が高く力も強かった幼少期、戻れないはずの過去にタイムスリップした感覚に溺れ、きっと彼は涙ぐみます。

夜になっても、車に乗っても留まることを知らないあなたの勢い。この状況で、あなたとバイバイしたい人なんていないはず。男の子も女の子もみんな、並べた布団のあなたの隣が欲しくてたまりません。布団に潜り込んで、まだ薄く光っているサイリウムの灯りの下、自分の秘密を打ち明けたい。この子と二人だけの秘密が欲しい。

男の子はあなたの中に、かつての夏、くすぐったい恋心を抱いた従兄弟のお姉ちゃんや幼馴染、同じペンションに泊まっていた女の子の姿を見ます。

誰もが持っている二度と訪れないはずの夏の思い出を再現することで、きっとあなたはモテる。だって、子供の頃の夏に思いを馳せない夏なんてないでしょう？

以上で講座を終わります。お疲れ様でした。

「あざとい＝ぶりっ子じゃないぜ」
元祖あざとい豊臣秀吉

あざといってなんだろう。

最近巷でよく聞くこの言葉。

改めて辞書で意味を調べると「押しが強くて、やり方が露骨で抜け目がない」と出ます。言い方がきついな。

しかも、思っていた「あざとい」の言葉の意味とはちょっと違う。私の中でのあざといのイメージは「背の低い女の涙目」で、これも本当に偏見に満ちていて申し訳ないんですが、理由があります。

今回は「私とあざとさ」の関係を披露しながら「あざとい」について哲学できたらいいな……！

あざとい＝ふゎふゎ可愛い女の子

「あざとい」をできない人生を送ってきた。これは別に、新しいタイプの自慢でもなんでもなくて、本当にできなかったのだ。1993年生まれの青春には「萌え袖」という文化がある。あれこそが、私とあざといの出会いだった。

学生時代、ティーン雑誌を開くと必ず「萌え袖で両手持ち！　首を傾げながら上目遣いで消しゴムを貸そう！　キュルン！」みたいな記事がどこかにあった。

指示が細けえなと思いながらも、確かにやったら可愛いのかも……っていう気持ちは密かに抱いていて、えぇ、私も挑戦しましたとも。

しかし、だ。この長ったらしい指示のド頭で躓（つまず）いてしまうのである。「萌え袖」袖が足りない。萌えるほどの袖がないのだ。この時に私は悟った。「あざといは、小柄な女の子のための武器である」と。

小柄な女の子は可愛い。その可愛さをより強化するための方法が「あざとい」なのだと10代の私は思った。よりか弱く、より小動物に寄せるテクニックがあざとさ。そうなると、もう私の出る幕はない。

だって、172センチある私が萌え袖両手持ちで消しゴム渡そうとしたら、なんか消しゴムの小ささとの対比で私がもっとデカく見えるじゃん。心優しい巨人みたいになるじゃん。しかも上目遣いが無理だし。一旦屈まないとできないし。でもそれはもうメンチじゃん。

「どうせ私はあざといことなんてできませんよモテねーわけですよタンでも吐いてやろうか」と思っている私だけど、ここで一度冒頭の辞書の意味に戻りましょう。

「押しが強くて、やり方が露骨で抜け目がない」

……お？　これは……この意味のことならできるのでは……？

豊臣秀吉もあざとくない？

「あざとい」と聞くとどうしても、「ぶりっ子」が浮かんできて、「ぶりっ子」が浮かぶとそこからさらに「ピンク」とか「ふわふわ」とか「グロス」とかが浮かんでくる。

でも、そもそもこの連想ゲームが間違っていたのかもしれない。あざといのはぶりっ子だけではないはずだ。

「押しが強くて、やり方が露骨で抜け目がない」人物はたくさんいる。

豊臣秀吉とか。あいつはヤバイよ。なんせ草鞋(わらじ)を懐で温めてんだから。いくら好かれたいにしてもやりすぎだろと思う。

だけど、秀吉はその「押しが強くて、やり方が露骨で抜け目がない」行為、すなわち「あざとさ」で天下統一したわけだ。とんでもない奴だね。

でも豊臣秀吉は全然ぶりっ子じゃないしグロスも塗ってなさそう。グロスとかあの時代ないし、たぶん。本来は、目的のために手段を選ばず、本気で獲物を狩りに行く振る舞いを「あざとい」と呼ぶ。その振る舞いの種類は何万通りもあるはずなのだ。

そこ、忘れてない？

どうして、あざとい＝ぶりっ子みたいなことになってるんだろう。その先入観もったいないなと思って、捨ててみようと決めて、今一度、自分に「秀吉的あざとい瞬間」がなかったかを思い返してみる。

……あるぞ……めちゃくちゃあるぞこれは……私はなんてあざとい女なんだ……。

気になる男の子の好きなミュージシャンや作家を調べて（ＳＮＳを舐めまわして）さりげなくその作品の話をしたことがあります！　あざとい！

気の強い女の子がタイプだと聞いて、「男の子を泣かせたことがある」とアピールしたことがあります！　あざとい!!

芸術家肌の女の子が好きそうな男の子だったので、言いたいことをうまく言葉にできないふりをしました！　あざとい!!

もう限界!!!!　これ以上白状させないで!!!!　お願い!!　恥ずかしくて死んじゃう!!

この「あざとい」が成功したかしていないかは別として、無茶苦茶にあざといことには変わりない。だってもう、ターゲットを絞って狩りに挑んでるもん。天下統一狙いだしたじゃん。あざといですよ〜これは。

あいつの天下人になるために

ステレオタイプの女の子像みたいなものが世の中にはまだあって、そういう女の子＝モテる。だからその像に寄せること＝あざといって風潮だけど、果たして本当にそうだろうか。

本当にモテるためにはきっと、相手の好みを本気で見極めて、その上で相手のための「あざとい」を磨かなければならない。じゃなきゃあいつの天下人にはなれない。

もちろん、イメージ通りのぶりっ子系あざといも特定の男の子にはモテるかもしれないけど、それが全てではないはず。だって、ステレオタイプの女の子が存在しないのと同じように、ステレオタイプの男の子も存在しない。私たちはいつでも、代わりのきかないたった一人の人間同士で、そのたった一人の気を惹くための一つの手段が「あざとい」なのだ。

全国の「私はキャラじゃないからあざといことできないなあ」と諦めがちな女性の皆さん。うちらもできるよ!!　秀吉おじさんにできたんだもん！　まずはあなたにとっての織田信長がどんな人間かをよ〜く研究しましょう。

明日に備える女

明日はうちにカズくんが来るの……♡　おうちデートだから夜のお手入れも念入りにするよ～。自分へのご褒美に買ったオイルを塗って、毛穴の無い素肌の出来上がり♡　今日は香水を着て寝ようかな♡　なんてね♡♡

明日に備える長井

明日は休み!! 亀島がうちに遊びに来るだけだから今夜はスーパー晩酌タイムだわ。エロ漫画面白すぎて全然眠れねーよ。てか、外もう明るくない？もう朝かよ時間経つの早すぎだろ。

「彼氏欲し～」って罠じゃない？

「彼氏欲し～」ってフレーズは、誰もが一度は呟いたことがあるんじゃないかと思います。もちろん私も幾度となく呟いてまいりました。

でも、だ。あの時言ってた「彼氏欲し～」って、本当の「彼氏欲し～」だったのかしらと考えると……ちょっと嘘だったこともあるかも。この感覚、わかりません？

てなわけで今回は「偽りの彼氏欲しい宣言とその弊害」について。

暇過ぎて彼氏欲し～

彼氏がいないときに口にする言葉「彼氏欲し～」。この言葉、実際に声に出して言うこともあれば、SNSで呟くこともあるけれど、どちらにも、偽りの彼氏欲し～は潜んでいるように思う。そもそも彼氏ってどうして欲しいんだろう。淋しいから？ みんな彼氏いるから？ 結婚したいから？

理由は様々で切実さも人によって違う。私が「彼氏欲し～」状態だった理由のほとんどは、シンプルに暇だったからだ。

彼氏がいないとまぁ〜暇だわ！　特に23、24歳の頃は暇すぎて死ぬかと思いました。同い年の友達は就職したてだったりで忙しいし、年上の友達は彼氏と忙しいし、年下の友達は就活で忙しい。私以外の全人類忙しいんじゃねーかって思うくらいみんな忙しそうだった。そうなるともう、急いで彼氏作って私も忙しくなるしかないじゃん。そんなわけで私も捲し立てていたわけです。「彼氏欲し〜」を撃ちまくってました。

もちろん撃つだけじゃなくて行動もします。慣れない繁華街に飲みに行ったり、慣れない友達と会ってみたり……。とにかく慣れないことをしたけれど、慣れてないから全然うまくいかねーんだよな‼　新しい人に会っても会ってもなんとなく噛み合わないし、とても疲れる。

疲れるから寝るのに忙しくなってきて、おかげで暇からは少し距離を取れたけどこの忙しさはマジで虚無だなって冷静になって少し泣くっていう……。地獄みたいなループ……。このループも、結構覚えがある人いるんじゃないかと思います。

こうなってくると「なんでここまでして彼氏が欲しいんだろう」って気持ちが湧いてくる。若者としての貴重な時間をこんな風に浪費していいんだろうかって不安になってきて、ていうか私って本当に彼氏が欲しいのか？　って疑問も湧いてくる。

恋人がいるのは楽しい。これはまあ、まず間違いのないことだ。そして、楽しいのは嬉しい。嬉しい人生は幸せだから、そう考えるとやっぱり恋人が欲しいなと思う。でも、ここで「あれれ〜」と思うのだ。

恋人が欲しいのは、今よりもっと人生が楽しくなってほしいからだ。今よりもっと人生が楽しくなるために、辛い思いをするのって……なんかしっくりこなくない？　スポ根よろしくの考え方をすれば「苦しみあっての幸せだ」ってことで飲み込めるのかもしれないけど、私文化部だし……スポ根とかちょっと遠慮したいわ……ていうかそのスポ根、本当？　本当に、苦労しないと幸せになれないの？　別にそれ絶対じゃなくない？

危険すぎる快楽、暇

幸せなままもっと幸せになることってきっとできるはずなのだ。それならまず、彼氏を作るために慣れないことをするのやめようと決める。そのせいでまた暇で死にそうになるけれど、もっとちゃんと自分のために時間を使ってみようと決める。

起きたい時間に起きること、食べたい時間に食べること、眠くなったら眠ること。この自由が完璧に守られてることって実はあんまりない。恋人と一緒に暮らせば、どうしたって相手の生活リズムに合わせることも出てくるだろう。

そう考えると、今自分がめちゃくちゃ暇なことが尊いことのように思えてきた。見始めた映画を「微妙～」と思って途中で止めるのも私の自由だ。ファミレスで永遠にツムツムをやっても誰にも何も言われない。あぁ……なんて快適なの……!!

一人でいることの快楽に目覚めた瞬間だった。私はこの快楽にどっぷりと溺れました。そのうち、好きなアニメの二次創作を検索するだけで一日が終わる日々が訪れて、そうしてやっと気付いたのです。

「あ、このままだとヤバイ」

自分の未来に餌をやる

「自分のために時間を使う」のには二種類あって、一つ目はさっきまでに挙げたような「とにかく自分の欲望に忠実に、自分にストレスをかけない」やり方だ。

そしてもう一つは「自分の未来に餌をやる」ってことで、私はこっちをすっかり忘れていた。どういうことかっていうと本当に言葉の通り、未来の自分のために自分の中に知識を蓄える、蓄えた知識を使ってみるってことで、それは本を読むでも映画を見るでもなんでもいい。絵を描いたり資格を取ってみるのもいい。

とにかく「興味あるけどちょっぴり腰が重い何かに手を出してみる」ってことだ。

これが意外とできないんだよね～。恋人がいるとまぁできないのよ、忙しくて。まずいまずい、せっかく恋人がいないスーパー自分タイムなんだからこっちもやらなくちゃって焦った私は、興味はあったけどちゃんと向き合ったことのなかった「執筆」ってものに対峙してみた。

それから色々あって、今こんなふうに本を出させてもらえて、不思議なことに結婚もした。たぶんあの時、「彼氏欲し～」って言葉に飲み込まれて夜な夜な飲み歩き続けてたら、こんな未来にはたどり着かなかっただろうなって思う。自分一人で自分のために時間を使えて本当によかった。

無理せず自分を可愛がって

「彼氏欲し～」は誰にでも訪れる。でも、その言葉の根源を、一度立ち止まって見つめてみてほしい。それは、どうして？

もし理由が「みんな恋人いるから」とか「暇でつらい」とかだったら、無理しないでねって思うのだ。彼氏がいない時間は、暇で淋しい時間なんかじゃない。あなたがあなたを可愛がるスーパーチャンスタイムです。

その時が来たらどうか、自分の興味に敏感になってあげてね。

長井短のひとりごと

写真　亀島一徳

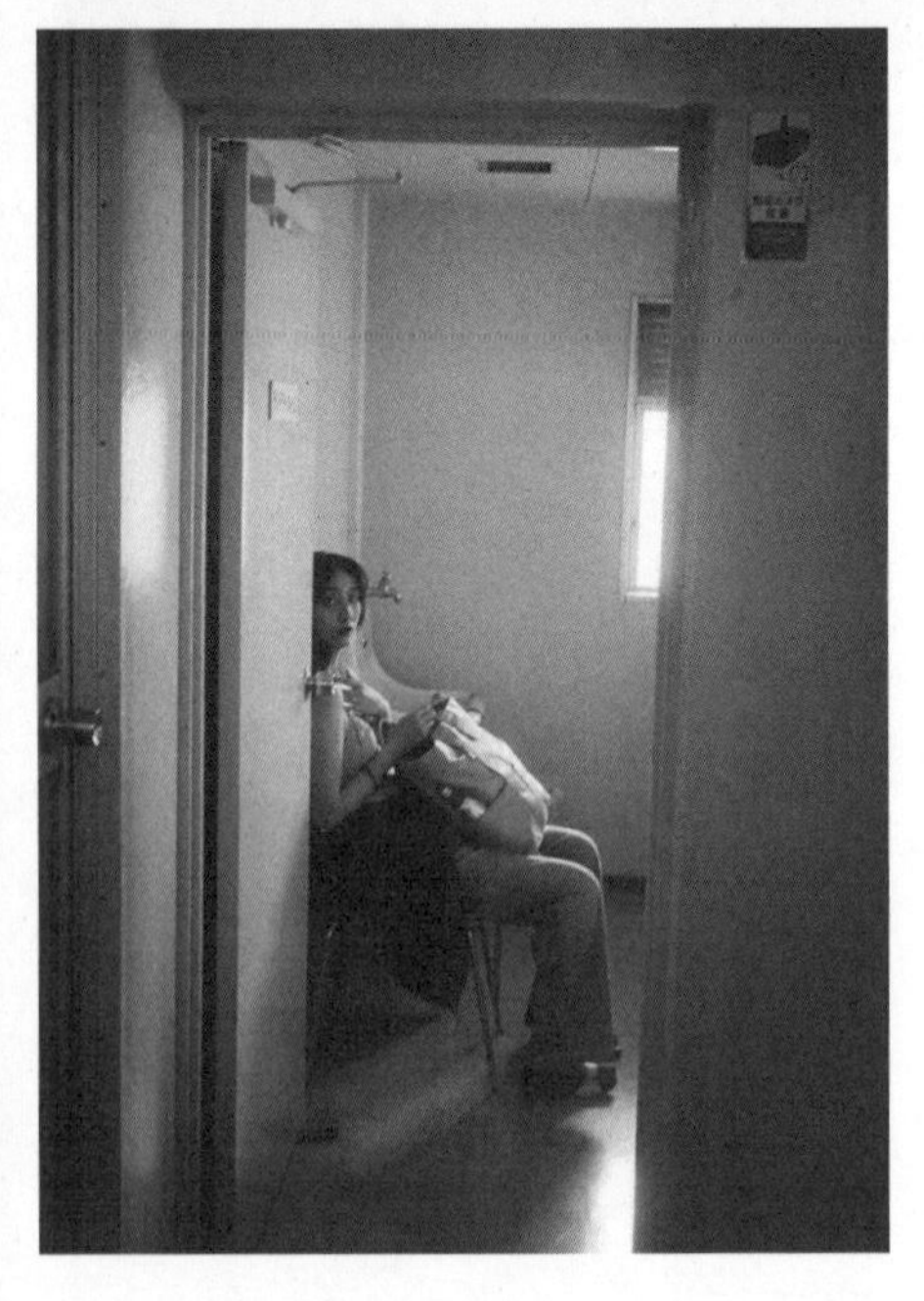

本当に色んな人がいる
な。知ってたけどやっ
ぱ色んな人いるわ

本当に色んな
人がいるな。
知ってたけど
やっぱ色んな
人いるわ

本当に色んな人がいるな。知ってたけどやっぱ色んな人いるわ

本当に色んな人がいるな。
知ってたけどやっぱ色んな
人いるわ

第2章

あの人を好きって決めたのは私

君たち 絶対この後ホテル行くのになんで気付かないふりできるの？

日ごとに暖かくなってきて、もうすぐ春だなと思ったら雪です。雪の中書く今回は、もうすぐ春なので恋の話。

皆さん、恋してますか？　私はこう見えて毎日恋に落ちています。昨日も駅のホームで好きな人ができました。一昨日はサイゼリヤ、一昨々日は汚い中華屋、全員名前も声も知らないけど、「あ、かっこいいな」と思って、しばらく彼のことを考えます。

次の日にはほぼ何も思い出せず、唯一覚えているのは「ツーブロックの眼鏡」。恋愛から遠ざかりすぎていた頃は、気付けばツーブロックの眼鏡なら誰でも好きになる病気になってました。やべーだろ。

ムード vs 効率

恋をできていないかわりに、飲食店でよく盗み聞きをしています。私の大好物はカップル結成、もしくはチェックイン直前の二人組の会話です。

この間、磯丸水産に行ったら、まさにゴールテープを切ろうとしている男女に出会いました。二人はどうやら友人関係。その裏にはしっかり下心が根を張って、互いに抱く気満々です。時刻は0時過ぎ。そろそろ終電の時間です。

男「時間平気？」
女「あ〜そろそろ終電かも」
男「そっか〜」
女「あ、でも明日休みだから大丈夫。明日早い？」
男「いや、俺も明日は休み」
女「あ、じゃあもうちょっと飲も〜」
男「そうだね」
女「……でもずっと磯丸は疲れちゃうね」
男「そうだね。店変える？」
女「う〜ん。でもちょっと飲み疲れたかも」
男「そうだね。カラオケでも行く？」
女「そうだね。あ、でも今日連休だから空いてなさそうじゃない？」
男「そうだね。どうしよっか。漫喫とか？」

女「そうだね。あ、でも漫喫だと喋れなくない？」

男「そうだね」

そうだねの地獄……。いや、もうわかってるでしょ。わかるじゃん。もう二人ともホテル行きたいじゃん。行こうよ。混むよ？　とっくに答え出てるって。

真逆のパターンもあります。友達の男の子は気になる女の子と飲みに行く時必ず、「あのさ、もう先に言うけど俺今日君とセックスしたいと思ってるんだ。どっちでもいいけど終電までに決めてくれる？　終電乗らないならホテル行くよ」

効率よすぎ〜！　でも、私個人の好みでいえば断然こっちがタイプです。だけどこの男の子はよく「もう！　なんでそんなこと言うの！　ムードなさすぎ！」と怒られるらしくって、ムード……ムードとは……？

前者のチーム「ムード」の視点は、主観なのでしょうね。主観くんも主観ちゃんも、ホテルの目の前で漫喫に行くふりしてる恥ずかしさなんて気にならないのです。

だって、その恥ずかしさは二人の周りの空間が語っているだけだもん。空間なんて主観じゃ見えない。主観くんたちにとって何より大切なのは、今二人の間を漂う空気なのです。

一方、後者のチーム「効率」はゴリゴリの俯瞰タイプ。ホテルの目の前で漫喫の話なんて恥ずかしくて絶対にできません。

俯瞰くんと俯瞰ちゃんは空気よりもそれを内包する空間を重視します。

頭の中には常にナレーションが流れるし、自分の言動を他人事のように考察するので、気付かないふりなんて小芝居をしようものならすぐにもう一人の自分に馬鹿にされます。

君の主観が正直しんどい

主観同士の甘い恋愛、俯瞰同士の砕けた恋愛、どちらも楽しそうだなぁ。

だけど想像してみてください。主観×俯瞰の恋愛を。

よく、彼女のために記念日のお祝いをするとかディズニーランドに行くなんて話を聞きますね。これってある種、「主観の彼女に最高のムードを提供するために俯瞰の彼氏が奉仕してる」ってことだと思うんです。

だから、主観ちゃん×俯瞰くんの組み合わせは結構あるんですよね。優しい俯瞰くんがたくさんいて優しい世界。

でもこれ、逆はどうなんでしょう。主観くん×俯瞰ちゃん。うっ……これはなんだか暗雲。主観くんとお付き合いしたことはないけれど、何度かご飯を食べに行った時、マジで噛み合わなかった。お喋りしていても、主観くんが口にして気持ちのいい文章を朗読されているような気分になったのを覚えています。

主観くんもきっと、俯瞰ちゃんの私の言うこと一つ一つに「どうしてこんな言い方するんだろう」と思ってたんだろうな。ごめんね、主観くん。恥ずかしくって仕方なかったんです。

薄暗いバーなんて、いかにも口説かれに参りましたって気がしちゃって行けません。入店した瞬間「お前自分のことちょっといい女だと思ってるだろ？」って自分の声が聞こえました。そんなもん聞いちゃったらもう無理です。ごめんなさい。

全てを包み込む大俯瞰

視点の違いで恋がおじゃんになるなんて悲しい。どうにかして避けたい。どうしたらいいかって？　答えは簡単。「大俯瞰」です。

俯瞰を超える大俯瞰。大俯瞰になれば、俯瞰の時に許せなかった色々も「かわいいな」って思えるはず。

やり方は簡単です。例えば気になる男の子がちょっと痛いアプローチをしてきた時、

「うわ、これは恥ずかしいな」

と、思う前に引いてみて！

「彼は私の計算通りに行動している」

もっと引いてみて！

「地球は私の掌の上」

ここまで引けば、もうほとんどのこと気にならない。

人間関係をチェス盤に見立てるのです。痛い彼の思惑も「あ、そうやってキング取ろうとするのね。それはちょっと無理あるけど一旦チェックだけさせてあげるか」

ほら、何だか男の子の行動一つ一つがかわいく思えてきませんか？　同じ視点にいるからイライラしちゃうんです。私たち、もっと上に。神の視点で毎日を見てみませんか？

ただ、弊害もあります。感情って振り子なので、イライラっていうマイナスの振り幅が減ればその分、ドキドキっていうプラスの振り幅も減っちゃうのです。

うーんこれは悩む。「死ぬまでドキドキしたいわ」ってＹＵＫＩ先生も歌ってますからね。どうしましょうかね。

たった一つだけ解決策があって、それは「同じように大俯瞰の男の子と出会うこと」。好きな男の子と二人でチェス盤を囲むんです。まるで世界にふたりぼっちみたいじゃない？　そんな夢みたいなこと叶わないかもしれないけど、もしそんなカップルがいたらきっと世界一性格の歪んだ悪魔のような二人組だろうな。友達減るだろうな。

恋愛と友情。究極の二択を置き去りにして、今回はお終いにさせていただきます。

ねえ、私たちどうしてあなたと両思いってだけじゃ足りないんだろう？

この間電車に乗ったら、私が乗った車両に4組のカップルがいて、そのすべてのカップルが信じられないくらいいくっついていました。

なんかもう、これは戦いなの？　どのカップルが一番イチャイチャできるかっていう大会ですか？　ってくらい思い思いの方法で密着していて、私は怖かった……。

いや、別にいいんですよ。私には何も迷惑はかかっていないし。ほんと、イチャイチャしてほしい。それって幸せなことだし。

一方で、手は繋いでいないけれど心の中でめちゃくちゃイチャイチャついてる気配のする人たちも街にはいますよね。

恋人たちの数だけお付き合いの形がある、この至極当たり前のことってやっぱり面白いなと思うので、今回は勝手に分析しようと思います。私は他人に首突っ込みすぎだな。

それぞれの思いやり

そもそも「恋人」って何なんでしょうか？

好きだと思った相手に告白をして、合意をもらえた時に得られるこの称号。

よく「彼氏欲し〜」なんて声を聞きますが、これは「両思いの人が欲しい」ってことで合ってますか？

正直、本当に最近まで恋人になることの意味がわかりませんでした。だって、それって口約束だし。

好きな人との関係性に、口約束って必要？ 私とあなたが両思いだってこと、それだけで世界って完璧じゃない？ と思っていたんです。でも、そういうことじゃないんですね。

私が最近気付いた恋人になることのメリットは、「権利が増える」ってこと。彼を私だけのものにするのって、恋人だから行使できる権利なのかもなと思いました。

「付き合ってるんだから、わがまま聞いて！」こんな横暴なお願いだって、恋人同士なら戯れとして言えちゃうもんね。これぞ公式の関係性。

一方で、俗にいう「セフレ」ってのはどうでしょう。こっちもまた、単語から連想する関係性が人によって違うので難しいですが、とりあえずここでは「仲良しで遊びにも行くしエッチもするけど特に口約束のない関係」とします。

恋人とセフレの一日だけを切り取ったら、やってることはほとんど大差ない気がします。ですが、口約束をしていないわけだから、お互いがお互いに何かを強制することは、ちょっとルール違反ですかね。

「見えないラインを踏み越えないように、お互い暗黙の了解を繰り返してやっていきましょう」これが非公式の関係性でしょうか。

「恋人」という口約束を交わしていないわけだから、彼が自分といない時間にどこで何をやっていても自由なわけです。他の女の子とエッチしてたって、それは関係ないこと。飲み込むことが思いやりです。

いずれにせよルールがんじがらめ

ルールがあるから安心することがある一方で、ルールがあるから信じられないこともありませんか？

「浮気禁止」のルールを掲げるチーム「公式」は、一見そのルールに守られているようだけど、「浮気禁止」って。わざわざ言葉にしなくちゃダメなのか？

それで例えば「わかった、浮気はしない」と相手が言ったとして、その言葉を信じられる理由は？　信じてるから？　だったら最初っからそんなルール掲げずに信じてみない？

あ、そういうことじゃない？

反対にチーム「非公式」は、そもそもルールを設けて相手に干渉することがルール違反。いつどこで何をしているかわからないけど、今ここで二人きりでいるってことを愛しましょうって感じでしょうか？　一見とてもロマンチックだけれど、これじゃあ満足できなくなっていくのが私たち。

好きだからもっと欲しくなって、わがままも言っちゃって、気付いたら暗黙の了解を破壊。どちらか一方の心のバランスが崩れたら関係性にヒビが入ります。そういう意味ではチーム「非公式」も、ルールに首を絞められてますね。

結局ルールに苦しむ両チーム。

でも二つのルールには微妙な違いがあって、私はこれ「言葉と行動」の違いなんじゃないかと思うんです。

チーム「公式」は、「私たち、恋人になりましょう」という約束から始まって、

「浮気しないよ」

「君だけが好きだよ」

「ずっと一緒だよ」

などなど、言葉で伝える愛情や信頼関係を大切にしている気がします。よく物語で見かける「好きだって言ったじゃない」って台詞も、相手がくれた言葉を大切に信じていたからこそ出てくるものですよね。

対してチーム「非公式」は、最初から約束して始まった関係性でないのもあって、言葉よりも今ここでの行動に注目します。

「会いに来てくれた」

「抱きしめてくれた」

「一緒にいてくれた」

約束されていないのに相手が自分のためにしてくれた行動。これがかけがえのないものなのです。

全部欲しがるその前に

でも、なんだかんだで逆のものも欲しくなってしまうもの。恋人たちはセフレを作って、セフレたちは恋人になろうとする。

これじゃあいつまでたっても幸せになんてなれないんじゃないかと眠れぬ夜はやってきます。どうして、大切な人にもっともっと望んじゃうんだろう。

大好き同士ってだけで超最高なのに今ここにないものばかり欲しがってメソメソする自分が嫌になります。そんな時は、一度自分がどっちの宗派なのかを考えてみませんか？「言葉」なのか「行動」なのか。

今回は例として「恋人たち＝言葉」「セフレたち＝行動」としたけど、こんなの本当に個人によるから気にしないで。

ここまで書いといてあれだけどマジで人によるからね。自分が本当に信じられて安心できるのはどっちなのかがわかれば、相手から何を欲しがればいいかがわかって、なんとなく、取り除けない胸のつかえが溶けていくんじゃないかなと思います。

もちろん、自分だけじゃダメだよ。

私たちが「好き」って言葉だけじゃ足りなくなったり、会いにきてくれるだけじゃ安心できなくなるのと同じように、私たちの大切なあの人もこの人も、きっとどこか足りない夜が訪れているはずです。

ここぞ！　って時に、あの人が言葉と行動のどっちを欲しがっているのか。しっかり見極めて欲しいものをあげることができれば、きっと私たちめちゃくちゃモテます。頑張っていこうな。

ねえ、あの人達すぐホテル行くけどそれあんまエロくなくない？

飲み会とエッチなこととの因果関係ってなんなんでしょうか。

私は飲み会と聞くとすぐに「それはエロいタイプかそれとも否か?!」と鬼気迫ってしまいます。エッチなことを想起させる飲み会の楽しさもわかるけど、なんか、飲み会でエロい人＝めっちゃエロい人ってのは納得いかない。

これは単なる嫉妬なの？　みんなで楽しくなることよりも、自分が異性に見初められることを目指す「美味しい思いしにくる奴ら」をどうしても愛せない気持ちを書こうと思います。もうこれはコラムっていう体をとったただの文句かも。

性癖発表会

まず、「飲み会に美味しい思いしにくる奴ら」とはなんなのでしょうか？　皆さん、今までに行った飲み会を振り返ってください。その卓の中にいませんか？「やたら自分の性癖を話したがる人間」が。ほぼこいつらのことだと考えて間違いないと思います。

彼ら彼女らは、飲み会序盤から下ネタを打ち込みます。しかもこれが、あんまりポップじゃない。私が思う飲み会でのポップ下ネタは「お腹を見せる」ということです。早い段階で、相手に自分のお腹を見せておく。「私、敵じゃないよ！　あなたに懐くつもりだよ！」この動物的ジェスチャーが込められた下ネタ。例えば過去の失敗談だったり、要はこの下ネタが自虐的なエピソードであれば、「ポップだな」と思えるわけです。

しかし、「性癖発表会」というのはですね。これはもう羽やら角やらの見せ合いです。「僕、こんなに変わった嗜好（しこう）です！」「私、こういうのに弱いの！」こんなんもう「僕、私、エロいでーす！」って言ってるのと同じですからね。勘弁してくれよ。

「自称エロい人」の罠

「僕、私、エロいでーす！」宣言をするのは自由だから、まぁ、いいんです。好きにやってよ。でもね、よく考えてみてください。自分がエッチだってこと堂々と言える奴、エッチか？　私これ、エッチじゃないと思うんです。自分がエッチだってみんなにバレることに羞恥を感じない人って、エッチか？　**エッチじゃねーだろ!!　ふざけんな!!**　実際、これに関しての愚痴を耳にしたことあります。

友「この間さ、飲み会行ったらすごいエロい子がいたのよ」

私「へえ〜」

友「なんかさ、胸元ゆるい服着ててさ、発言もさ、結構下ネタ言ってたり、Mなんですとか言っててさ、エロそうじゃん」

私「……」

友「でさ、ホテル行ったんだよ」

私「お?! どうだった?」

友「全然よ。全然エッチじゃなかった。聞いてた話と違ったよ」

当然だろー! 馬鹿か!! 馬鹿なのかお前は!! 人生始めたばっかりか!!

そもそも、胸元ゆるくてもエロいわけではない! 多分その子は「胸元ゆるいとエロい目で見られやすそうだから今日誰か抱けそう」くらいの発想で着てるだけ! もしくはシンプルに首が詰まった服が苦手!(だとしたらごめんね)。**そんな! 1枚目の扉で立ち止まってる奴エッチじゃない! そして! M!! M発言!! SかMか一言で答えられる奴のセックスなんてたかが知れてるだろ! Mって言った奴はいいよな! それ以降ずっといじられ役でいられるんだから! 受け身でいるだけで飲み会楽しめるんだからいいよな!**

すいません、取り乱しました。まぁでもとにかく、本人たちが楽しかったならいいんですよ。実際、いわゆる「ワンチャン」というのを求めて飲み会にくる人もいるんだろうし、そういうエッチでもまぁ、気持ちいいんでしょうしね。

でも、私はここで、皆さんに訴えたい。「そんな、麻雀でいうところのリーチのみみたいな全然役のついてない上がり手でいいのか？」と。どうせ上がるなら、役、つけたくないですか？　リーのみって1300点だよ？　いいのそれで？　リーのみ1300点でも、跳満（ハネマン）12000点でも、上がれるは上がれるけどさ。どうせ卓を囲むのならば、いい手で上がりたいじゃないですか。

あなたを骨の髄まで食べたい

よく知らない人との、瞬間的な燃え上がりからのセックスもきっと、それにはそれの味があるんだと思います。それ用のテクニックもきっとあるんだろうし。だから、そういう経験人数の多い人たちが「こんなに抱いた。どうだ！」と大手を振って先輩風吹かすのも、まぁいいでしょう。

でも、じゃあ経験人数の少ない人の方がエッチじゃないかって言ったら、いやいや笑わせんな（笑）私からするとこの人たちの方に先輩風吹かせてほしいです。だって、1回目なんて、どうしたってある程度は盛り上がりますからね。初めてなんだから。問題はその後です。もう相手のことも知り尽くして、裸だって覚えてて、だけどそれでもセックスし続けている人たち。どんだけエッチなんだろう……。「焼き魚の目美味しいよ」的な、絶対に残さない、食べれるところは全部食べちゃうぞ精神。これはエッチな人だろうなと……思う訳です。

経験人数多い人はね、めちゃめちゃ回数上がってはいますけどね。リーのみですから。それ別に、麻雀が上手くはなってないですからね。一人の相手とずっと体を重ねている人は、リーチからの断么（タンヤオ）、からの三暗刻（サンアンコー）、清一色（チンイーソー）、ドラも乗りまくってますので。どんどん麻雀上手くなってますから。そこんとこ勘違いしないように。

スーパー雀士を目指しましょう

飲み会でお酒を飲めば、開放的な気持ちにもなりますし、パートナーのいない人は一人で家に帰ることがいつも以上に淋しく感じて、なんか勢いで体重ねちゃうこともあるかもしれません。それが素敵な思い出になるなら、全然いいんです。

でも、間違えないで。どんどんすればいいってものじゃないですから。あなたが、「この人とならダブル役満まで狙えそう」と感じる相手に出会った時にだけ行動すればいいんです。知り合いに「いつからヤってないの～（笑）」とか言われても無視しよ!!　あんな奴ら無視！　私たちだけでファミレス行こ！

「あの人を好きって決めたのは私」

腹括ってこ〜

「彼氏ほし〜」と叫ぶ友達に、「どういう人がいいの？」と聞いたら、「いやもう幸せならなんでもいい！　幸せな恋したい！」という雄叫びが帰ってきました。

あ〜めっちゃ気持ちわかるぞ〜とりあえず幸せになりたいよね、まずそこからだよねって盛り上がったのですが、ん？　幸せってなんだ？　どうなったら私は「幸せな恋をしてる」って実感できるんだろう。

というわけで今回は「幸せな恋」これについてみっちり考えてみます。

本当にうるさい人たち

幸せな恋ってなんだろう。皆さんは、どんな恋を望みますか？　アイドルみたいな美形と付き合いたい？　それともすごいお金持ち？

そんな古臭い定型文は放っといて、単純に自分の愛する人と両思いになりたいよね。

「両思い」って言葉はめちゃくちゃ強い。

友達のカップルに会った時、いつも口をつくのは「めちゃくちゃ両思いだね！　いいね！」っていう馬鹿みたいな台詞だ。

でも、そんな楽しい恋愛をぶち壊す人たちがいまーす！　それは心無い視聴者たち。

私たちを取り巻く、人をそっとしておくことができない奴ら。あの人たちって本当にうるさい。


「え、どこがかっこいいの？（笑）」

から始まって、

「え、そんなとこデート行ったの？（笑）」

「プレゼントがそれ〜?!（笑）」

「なんか……まぁ幸せならよかったね（笑）」

「でも心配！　もっといい人いるよ！」

語尾で笑えばなんでも許されるわけじゃない。散々ケチつけて最後に思いやりの仮面をつけても無駄だし、マジでこいつらなんなの〜うるさ〜〜い！

基本的に、人の恋愛にケチつけてくる人ってのは今の自分に納得いってない人が多いし、シンプルに八つ当たりなので全然真に受ける必要はないけれど、それでもやっぱりテンションは下がる。悲しくもなる。

こんな露骨な意地悪以外にも、自分の恋の幸福度が低下することってのは日常に溢れていて、例えばあまりにも幸せそうなデートの写真がＳＮＳに投稿されているのを目にしたり、スーパーで楽しげに買い物している見知らぬカップルに出くわしたり。他者が羨ましくて幸福度が下がる時もあれば、単純に好きな人が連絡をくれないとか、彼氏が寝てばっかりとか、当事者間のパターンもある。

どうしようもないのだ。

意味ないってわかってても、全然悲しい気持ちになっちゃうよ。

それは私たちが弱いからとかじゃない。それくらい、好きな人が世界の中心に来てしまっているのだ。大好きで仕方ないんだから、しょうがない。

クールで分別のあるふりするのは今はやめよ。好きな人のことはどうしようもなく好きなのだ。

「あの人と出会う前を思い出せない」はウソ

好きな人に出会う前、自分がどんな風に毎日を過ごしていたかわからなくなる時がある。

なんなら「あの人と出会うまで、本当の幸せを知らなかった」という人だっている。

でも、それは多分間違いで、好きな人に出会う前から私たちは今日と同じように生きてきた。

時が止まってほしいと思うほどの幸せも、死んでしまいたいと思うくらいの悲しみも、好きな人に出会う前から隣にあったはずだ。忘れてしまっているだけで。

パリでお寿司を食べた時、びっくりするくらいマズかった。なんか、シャリがギッチギチで芋虫みたいで、サーモンは美味しいんだけど、とにかくシャリがダメなのだ。あとお醤油も不思議な味がした。私はこれは「フランスの」「お寿司」であって、「お寿司」ではないと思った。スシローが恋しかった。スシローもくら寿司もすしざんまいもある日本に生まれて、幸せだなぁと思った。

まわりを見渡すと、色んな国の人が美味しそうに「フランスのお寿司」を頰張っていた。その時思ったのは「どちらが幸せなんだろう」ということ。

寿司屋に囲まれた国に生まれて、いつでも美味しいお寿司を食べられる自分を幸せだと思っていたけど、今ここ、フランスのお寿司屋さんにいる状況をとってみれば、「フランスのお寿司」を「お寿司」と疑いなく美味しいと感じている人達の方が幸福度は高い。

そう考えると、幸せってのはそのまま自分の価値観でしかないのだ。

あの人を好きって決めたのは私

幸せになるために必要なのは、高価なプレゼントとかロマンチックなデートじゃない。まわりからの羨望の眼差しでもなければ、たぶん両思いでもない。

必要なのは誰とも何とも比べないことで、極端な言い方をすれば、「今ここにある自分だけの世界」を信じることが幸せへの鍵だ。

過去の自分の世界と比べるのもやめておいた方がいい。それで幸せを感じられる時もあるだろうけど、そのせいで不幸せを感じてしまう日が絶対に来る。今の自分とそれ以外を比較してもろくなことないのだ。

だって、どうしたって私は今ここにしかいなくて、好きな人もただそこにしかいないのだ。そうやって、今の私があの人に恋をしたんだから。腹をくってそのまま愛する覚悟を決めた方が、きっと幸福度は高い。自分で決めたことだから。

好きな人がいる人はどっしり腹をくって、いない人は、腹をくる覚悟を決めて、明日も逞しく生きていきましょう。

「愛していればなんでもできる」それって本当に愛だっけ？

恋愛にイベントは付き物で、クリスマスやお互いの誕生日、中には初めて喋った日を記念日として祀っている人もいるようですが、なんか楽しそうで何よりです。

無数にある恋愛イベントの中でも王様感があるのは、やっぱりバレンタインですね。

皆さんは今年本命に渡す予定……ある？　っていうか渡したことある？　自分のバレンタインを思い返すと、中学生の時初めてできた彼氏に生焼けのチーズケーキを渡した記憶や、高校時代に友チョコで歯をブチ折る強度の生キャラメル（寒さで鋼鉄みたいになってた）を配った記憶などがあります。ロマンチックバレンタインは私の記憶にない。

さてはて来年はどうなるかしら……と思いを馳せつつ、やっぱり、バレンタインにチョコ作って本気の告白って憧れる。バレンタインが交際記念日ってとてもいい。とは言っても、現実は物語と違って、告白の後にもページが続く。

ほとんどの場合、交際成立の後、待ち構えるビッグイベントはキスと、それからセックスっぽいけど、これって絶対こうじゃなきゃダメなんだっけ？

ていうか、なんでするんだっけ……？　え？　何この疑問こわい……。

今回もデカ問題提起すぎて立ち向かえる気がしませんが、まぁいいか。ちょっと考えてみるか。

セックスで測らないで

三大欲求。満たしても満たしてもどんどん渇くこの欲望は、一体どこからくるものなんだろう。私の心と、どのくらい関係のあるものなんだろう。

あんまり寝なくても大丈夫な人がいたり、ほとんどご飯を食べなくても生きられる人がいるのと同じように、セックスがなくてもいいのにって人もいる。過眠症があるからセックス依存症もあるし、絶対に備わっているとされる三大欲求の中にもめちゃくちゃ個人差はあるのだ。

その割に、「付き合ったらセックスをする」を疑う機会は少ない。睡眠や食欲と違って、性欲は一人では満たせない部分もあるから、自分のタイプを見極めるのが他より難しいのかもしれない。でも、見極めた方が人生は少しだけ楽になるはずだ。

潔癖症の友達が、「たとえ好きな人でも他人の唾液が自分に付くって時点でかなりきつい」とこぼしていた。

私は全然潔癖症じゃないし、なんならちょっと汚くても「死にはしないし」と思えば乗り切れるタイプなので彼女の葛藤を実感することはできないけれど、想像することはできる。

私はすごく蛾が苦手なので、もし、局部が蛾のモチーフとかだったらかなりきつい。これはヤバイ。愛していても蛾はしんどい。

時々、セックスと愛情をあまりにも直結させて考えている人がいるけれど、これはちょっと暴力的だと思う。心ではどうにもできないのも、また心なのだ。

愛しているからなんでもできるってことだけが愛じゃない。

自分の本当の気持ちを、覚悟を持って相手に伝えるのも立派な愛だ。彼女は唾液が無理なタイプの潔癖症で、だからって彼を愛していないことにはならないし、それは愛情とは何も関係のないこととして捉えたい。

今がすでに完璧なのに

すごく仲良しの男の子と交際していた時期があった。付き合う前も付き合った後も超仲良しで、まぁ、自然な成り行きでそろそろかなって時が来たけれど、なんだか全然うまくいかなかった。

彼のことが大好きなのに、なんだかしっくりこないのだ。そんなことは初めてで、私はセックスに嫌悪感を持つタイプじゃないし、彼のことも大好きなままなのに。

どうしてだろうと考えた時、私の頭に浮かんだのは「今のままでもう充分なんですけど……」という謎の感情だった。

充分だったのだ。手を繋いで飲みに行って、二人でベロベロになって、爆笑したりゲロ吐くだけで、私と彼は完成していた。

それ以上にしたいことなんてなかったし、っていうかもはやその完成形から一歩も動きたくなかった。

私が超幸運だったのは、その気持ちを彼に話せたことと、彼も同じ気持ちだったこと。いつも通り安居酒屋で日本酒を飲みながら、お互いの心を見せ合って、ピタリと同じ気持ちだとわかった瞬間、私たちはお猪口をチン！　と鳴らして、ひっくり返るほど笑って、それからものすごく安心した。愛しいとも思った。

だけど、結局私たちは「愛しているけど充分だからセックスしないまま付き合う」っていう選択肢を取らずに別れた。たぶん、お互いそういうタイプじゃなかったのと、勇気とかが足りなかったんだと思う。

繋がるために、勇気を出すのだ

彼と付き合って、きちんと話をできてよかったなぁと物凄く思う。彼のおかげで私は「愛しているけど充分だからセックスしないまま付き合う」っていう選択肢を知った。

こんなことを言うと「え、それなら付き合わなくてよくない？」とか言ってくる人もいるだろうけど、うるせえお前は誰だ。この世には数え切れないほどのお付き合いの形があるのだ。他人がとやかく言うことじゃない。

彼が教えてくれたもう一つの大切なことは、「正直な話し合いもセックス」だってこと。身体的に繋がることと、精神的に繋がることは、ほとんど同じことに思える。本当に繋がるためには、どちらもきちんと、丸裸になる必要があるのだ。ただ挿れればいいってわけじゃないし、ただ喋ればいいってわけでもない。なんて難しいんだろう。どちらか一つでもできればハナマルじゃない？　そりゃあもちろん、両方欲しくたっていいんだけれど、どちらか一つが足りないからって、自分を責めることはない。全然胸を張っていい。

本当に愛し合っていれば、二人なりの繋がり方がきっと見つかるはずだ。だからどうか、みんなと同じように交際するのがしんどいことを嘆かないで。勇気を出して、丸裸の心を愛する人にさらけ出してみて。このコラムが、大好きな私の友達に届きますように。

初めて体験した匂わせ地獄飲み会が辛かったです。

ここ最近はバイブスの調子が良くて、楽しい毎日を送れています。それで、欲が出て……もっともっとワクワクしたいなと思って……。調子に乗っていたから久しぶりに、初めましての人がいる飲み会に参加したらこれが……。申し訳ないんだけど、今回はその飲み会の愚痴です。**公共の場で！　堂々と！　愚痴を書くぞ!!**　いかなる時もこのままの私でスタート！

匂わせ地獄

その飲み会は、私の知り合いの酒豪女が声をかけてくれた飲み会で、「長井に会ってみたいって人いるから来な〜い？」と当日の夕方、突然連絡が来たのだ。私に……会ってみたい……？　ずいぶん変わった人もいるもんだなと思いつつも悪い気はしない。ちょうど今夜は暇だし、ちょっくら顔出してみるか！　とニヤニヤしながら向かった千駄ヶ谷。その店にいたのは全部で4人。まず、登場人物を紹介しよう。

・長井に会いたいマン……………30代男性。日焼けしてる。
・くノ一系…………………………30代女性。男性の後輩にあたる。
・自分のことを猫に似てるとか
言いそうな女……………………30代女性。長井に会いたいマンと酒豪共通の友人。
・酒豪女……………………………私の友達。

ちょっとあだ名の癖が強くて申し訳ないんですが、この4人と私の5人で飲み会は開催されました。序盤はとても穏やかに、自己紹介したり（SかMどっち？ などのクソみたいな自己紹介は無し）とても楽しい飲み会でした。様子がおかしくなって来たのはスタートから1時間弱経った頃でした。

だんだんみんな打ち解けて、ざっくばらんに雑談するようになって来た時、話題は長井に会いたいマンの地元の話になりました。事件はこの時起きたのです。地元の美味しいお店の話をする長井に会いたいマンへの相槌（あいづち）として、猫に似てるとか言いそうな女はこう言いました。

「あ〜あそこね！　私パジャマで行っちゃった（笑）」

?!?!?!?!　あまりにも！　情報の多い相槌!!!!　それはもはや相槌ではねえ!!　なんだそのコメント！　お前まさか……街で噂の匂わせ女か……？

飲み屋に緊張が走ります（走ってません）。

まず皆さんにお伝えしたいのは、「長井に会いたいマンと猫に似てるとか言いそうな女の地元は違う」ということ。そして、この二人に交際関係はないということです。

にもかかわらず！　長井に会いたいマンの地元行きつけの飲み屋に行ったことがあるのですこの女性は。しかも、パジャマで、です。パジャマで、飲み屋に、行ったこと、あるか？　あたいはねぇな。よっぽどのことがない限りパジャマで飲み屋にはいかねーだろ。

私は本当に性格が歪んでいるので、この時点で「二人で酒飲みながらセックスでもしてて、その勢いでなんかパジャマで飲み屋行くみたいな新しいタイプのプレイか？」と考えていました。しかし、私の疑問を置いてけぼりにして、猫に似てるとか言いそうな女は次の爆弾を投下します。

「実家もなんか二人で行ったよね～（笑）」

じじじじ実家?!?!　実家に行ったの?!　長井に会いたいマンの?!　え、ごめんまじでどういう関係なんだよこいつら。私はたまらず口を開きます。

「え、お二人は昔付き合ってたりしたんですか？」

「酒豪と長井に会いたいマンが友達だって知ったときは驚いた～」

え、無視?!　大人が無視?!?!　ごめんごめんちょっと質問が直接的すぎたか。

そこまで踏み込んでほしくないですよね今日会った小娘なんかに……ごめんごめ……え、じゃあなんでその話した?! 実家に行ったなんて聞いたらそりゃ聞くだろそこスルーする方が不自然じゃない? わからない……何を考えてるんだ……。

その後も猫に似てるとか言いそうな女の匂わせは止まることを知らず、「昔はやんちゃだったよね〜(微笑)」などの、みんなの知らない長井に会いたいマンを私は知ってるアピールや、「そろそろちゃんとしないとダメだよ?」突然の姉御スタイル、更に「私だって今はちゃんとしてるよ〜(笑)」といった意味深な発言など、沢山の技を見せてくれました。

これって、まじでなんなんだろう。1回無視されたんで、もうその後二人の関係性を聞く勇気は持てず、薄ら笑いを浮かべながら会話を聞くことに徹してしまったのだけど、当事者の二人以外はどうやって聞いてればいいのか全然わからなかった気がする。

こじれた恋心はマウント

もしかしたら、猫に似てるとか言いそうな女はただ単に、好意をアピールしたかっただけなのかもしれない。でも、複数人でいる中で誰か一人にだけ飛ばすエネルギーは、そのほかの人間への圧力になることがあるのだ。そういう、自分でも気付かないうちの周囲へのマウントって、私もやってしまっていることがあるかもなと思うと怖くなる。

すごくすごく好きな人が目の前にいたとしても、二人きりでないのならきちんとみんなのことを考えなくちゃいけないはずだ。恋心は、他人には関係のないことなんだから。自分の欲望のために人を困らせてはいけない。

猫に似てるとか言いそうな女の方ももちろん興味深いけど、長井に会いたいマンの方も不思議で、途中、こいつもヤベーのか？と思ったのは、「こいつ（猫に似てるとか言いそうな女）、不倫してたんだよ」と暴露した時で、いや、もうそのコミュニケーションなんなの？どこで習った？お前もお前で浮かれてんのか？猫に似てるとか言いそうな女は「もう!!それはもうやめた!!（プンプン）」ってなんかちょっと喜んでるし、こいつら新手の前戯の真っ最中か？全くついていけねーよ。

終盤は、どこに話を投げても、猫に似てるとか言いそうな女が鬼リベロで球を拾いに行って、どんな話題でも匂わせに繋げるという好プレーを見せ、私は閉口。二人っきりでやってくれと思いながら店を出て、それぞれの帰路に就くとき、最後のドラマは起きます。

100の匂わせより一つの行動

店の前の路地でさようならをしている時、長井に会いたいマンがティッシュで口元を拭いました。すると、その、ティッシュを、くノ一がごくごく自然な動作で受け取ったのです。**これは……なんだ?!?!**　会社の後輩は、先輩の使ったティッシュのゴミを受け取るもんなんですか？　それって普通のことなんですか？

いいや、この行為は、明らかにおかしい！　**この二人には何かがある!!**　店内ではずっと目立つことのなかったくノ一が、店先の暗がりでついに動いた瞬間でした。さすがくノ一。言葉よりも行動が勝った瞬間です。どんなに言葉を尽くして、「この人と私は特別な関係ですよ！」と匂わせたとしても、そんなことよりもふとした時の無言の動作の方が力を持ってしまう。だって、既にあることってのは、わざわざ説明する必要はない。

恋人に向かって「実家もなんか二人で行ったよね」とは言わないのだ。恋人だったら「なんか」とかではない。それに気付くと、なんだかやるせなくなってしまった。

好きな人にとって「他の人とは違うなにか」でありたいという切実な気持ちが、猫に似てるとか言いそうな女をおかしくしていたのか。彼が特別視してくれないから、せめて私たちには「他の人とは違う関係」と思われたかったのだとしたら、切ない。

帰り道、くノ一と長井に会いたいマンは二人で歩いてどこかにいきました。それはただ単に、二人が同じ方角だっただけかもしれないけれど……そうは思えない夜にしたのはもちろん、猫に似てるとか言いそうな女。

「君に決めた〜」

運命の人を決めたので、結婚しました

25歳の春に、突然のビッグイベントが起きました。

結婚です。たくさんお祝いのコメントをいただいて、私、本当に嬉しかったです。ありがとうございます。結婚しても性格の歪みが治るわけではないので、これからも変わらずひねくれたコラムを書き続けようと思います。名字が変わっても性格は変わんないもんね！　せっかくなんで、今回のコラムは結婚について書くよ！　結婚についてっつってもなぁ〜範囲がでけえな参ったぜ！

決断って怖い

「まさか私が結婚するなんて……」って言葉は、なんかすごくいやらしい気がするから使いたくない。それに正直「まさか」とか全然思わない。私、めちゃくちゃ自分が結婚するって思ってたしな。

結構多くの人に「長井が結婚って意外」と言われた。これは、会ったことある人にも

ない人にも言われて、私もちょっと共感する意見だ。私が私を客観的に見ると、結婚とかしなそうだよねって思うけど、でも全然結婚したのである。どうしてしたんだろう。

子供の頃から、何かを選択するのが苦手だった。「これにする」と決めなければいけない場面で、私はどうもうまく頭を使えないのだ。

例えば些細なことで言えば、サイゼリヤで何を頼もうか決められなくて、「やっぱりあっちにすればよかった」と思ってしまう可能性を減らすためにノリで毎回タラコソースシシリー風を頼んでいたし、もっと大きなことで言えば、恋人ときちんとお別れできたことがほとんどない。「別れよう」と心の中で思っていても、現実でその決定を下せないのだ。だからいつも、恋人の前で私はうにょうにょ唸って「別れようか」の一言を相手に押し付けていたように思う。

だって、今踏ん張って付き合い続ければ、来年にはハッピーかもしれないじゃん？　もしそうだったら悔しいじゃん？　その可能性を自分から手放すことが怖いのだ。今思い出しても申し訳なくて思考が停止しそうな思い出が多いのでこれについてはまたいつか書くとして、とにかく、選択ができないっていうのはどうにも不自由な癖だった。

だから今まで、自分が結婚することを想像した時はいつだって「この人と結婚する！　なんて決定私に下せるわけないわ〜無理だわ〜もっといい人がいたらどうすんだよ誰が責任取るんだよ」ってちょっとキレてたし。

だってそうじゃない？　人生始まってから出会った人をどんなに盛って数えたって1億人もいないのに、地球には77億も人間がいるわけでしょ？　そん中から一人好きな人選べとかどんな無理ゲーだよ、**欲深さナメんなよ?!**

「君に決めた！」の強さ

でも、愛ってすごいのだ。愛ってマジでやばい。人間を変える。

マイスウィートハニーである亀島くんの好きなところは2兆個くらいあって、もちろんその全てが結婚したいと思った理由だけど、もうちょっと感情的じゃない部分で話をすると、私が結婚した理由は「選択肢が多いほど幸福とは限らない」ということに気付いたからだった。自分よりも若い人が羨ましい一番の理由は、自分よりもその人の方が選べる道がたくさんある感じがするからだけど、それがイコール幸せっていうのは、どうやら何もかもに当てはまるわけではないらしい。

例えば、目の前にめちゃくちゃ美味しいサーモンとえんがわのお寿司があるとする。私はそのうち一つしか食べることができない、さぁどっちにするっていう時、これはすごく悩むよね。

だって、正直言ったらどっちも食べたいし。しかも、どっちを食べるかを決める前っていうのは、言い換えれば「どちらも食べる権利がある」状態なのだ。これは一見とても恵まれた状態に見える。

が、本当のところはどうだろう。「権利がある」ことと「実際に食べる」ことは大きく違う。どれだけ権利があろうとも、実際に食べるまでは本当の幸福感は得られていないはずだ。しかも、「サーモンとえんがわのどちらかを選ぶ権利」を与えられているのが自分だけとは限らないという大きすぎるトラップ。もしかしたら、何処かの誰かが先に決断をして、えんがわをさらっていくかもしれない。

そんなんもはや罠だろ。もしその罠にハマれば、どんなにサーモンが美味しくったって、自分の意思で早く選択すればよかったと悔やんでしまうものじゃない？

でも、サーモンを自分で選んで食べた時点で、たぶんサーモンはえんがわよりも美味しい。だって、私が望んだことだから。

この喩えが本当に正しい喩えになっているのか自信はありませんが、私が結婚を決断できた理由の一つはこんな感じです。「まだまだたくさんの可能性がある」と思った時に感じる喜びよりも、「君に決めた！」と自分の愛を盲信することの方が、幸せだと思った。権利よりも現実が欲しかったのかもしれない。

運命の人はあなたにするね

でも、「サーモンを選んだ後に、マグロが出てきたらどうするの?」という声が聞こえる。う〜ん、このタイミングでマグロもあることバラすなよって思うよね。

だけど、だ。マグロが遅れてやってきた時、既に私はサーモンを選んでいて、選んだってことは、選ぶ前よりもサーモンのことが好きになっているはずなのだ。

ほら、なんか「たまたま旅行で滋賀県に行ったら、それ以降ニュースで滋賀が話題になると妙に感情移入して見ちゃう」みたいなことってあるでしょう? それと同じで、サーモンを食べようって一度決断した時点で、サーモンってのは他のネタとは一個ステージが違うんですよ。

誰か一人、パートナーを選んだ時点でもうその人は運命の人なのだ。

結婚しようがしまいが、私たち自身が「この人と生きていく」と決めた瞬間もうそれは運命で〜す。そういう意味で、私は間違いなく運命の人と結婚した。嬉しいことこの上なしである。もしもあなたに好きな人がいて、大好きだけどイマイチ結婚に踏み切れないな〜なんて時がきたら、このコラムを思い出してほしい。決め手がなければ決め手を作ればいいのだ。自分の力で、大好きな人を運命の人にしよう。

彼氏を待っている女

今日はこれから大好きなカズくんがうちに来るの～。ワインも生ハムも用意したし、アロマも焚いた。肌が透ける服も着た。これならきっとカズくんもその気になるはずだから……準備万端だよぉ～♡

彼氏を待っている長井

っしゃ!! もうすぐ亀島が来る!! 久しぶりだし寿司取った！ あいつビビるだろうな～寿司代は、人生ゲームで負けた方が払うっていうルールにしようっと。あ、でも64の方が勝てそうだからやっぱ64にしよ。

わかり合えないから愛しいあなた

「この人と結婚しようって思えるほど、気が合う人と出会える気がしない」って悩みを打ち明けられる機会があって、それはつまり、私と夫はものすごく気が合ったから結婚できたってことになるんだけど、果たしてそうか？　と考えだすと答えはなかなか出なかった。

一緒にいる時間が長くなればなるほど、湧いて出てくるお互いの違いに慄く。別に気なんて合ってないのかもしれないと途方に暮れるときもあるけれど、それでも私と夫は一緒に生活できていて、それはたぶん、気が合うとか理解し合うってことに重きを置かなくなったからだ。

もしかしたら、諦めたのかもしれない。諦めるって言葉には淋しさの気配があるけれど、この場合の諦めるはもっと明るいニュアンスで、今回は、前向きに誰かとわかり合うことを諦めることについて。

永遠にはできないジジ抜き

友達でも恋人でも、一緒にいる人とはできるだけわかり合いたいなぁと思って生きてきた。

共通の趣味がある人と出会うと嬉しかったし、同じもので笑えるともっと嬉しい。いつからか「好きなタイプは？」と聞かれた時の私の答えは「話の合う人」だとか「ノリの合う人」になっていて、要するに「合う人」が私の好きなタイプだ。

っていうか全人類きっとそうだよね？　なんにせよ、合う人のことを好きになる。だから、気付けば合う人と惹かれあって、交際が始まったりする。

今までの自分の恋愛を振り返ると、ほとんどの交際相手は好きな映画とかミュージシャンが同じだとか、笑いのセンスが合う（↑この言葉の軽さ凄いけど）ってところから恋が始まっていた。そうして「うちらめっちゃ気が合う〜無限に喋れる〜〜」ブーストしたコミュニケーションは、数ヶ月すると速度が落ちる。お揃いの持ち物は、全て出し終わってしまったからだ。

例えば、お付き合いがジジ抜きだったとする。最初のうちは、引いても引いても捨てられるから「え〜もう超わかり合えるじゃん〜運命かよ〜エターナルラブ〜〜〜」って盛り上がるよね。

でも、手札が残り1、2枚になってくると、もう全然捨てられない。でも、捨てられない理由がはっきりとはわからない。「合いそうなのに合わない」って状況が私たちの神経を逆撫でして、次第に会ってもイライラするばかり。「**マジで気合わないんだが?! 別れよ?!?!**」ってことになるのだ。

しかも「めっちゃ気が合う！」と思っていた相手ほど、合わない部分が見つかった時のダメージは大きい。ほんの些細な意見の相違が、取り返しのつかない二人の違いみたいに感じられてしまうのだ。冷静に考えれば「朝ご飯食べる派か食べない派か」なんてのは合わなくてもどうってことないはずなのに「ずっと一緒に生活していくことを考えると、朝食の考え方が合わないのは致命的だ……」って学者面して分析してしまう自分に心当たりがありすぎてしんどい。

「だけど、たまたまその人と気が合わなかっただけで、世界にはきっと、もっと気が合う人がいるのでは？」と考えることもできる。

でもこれってどうなんだろう。確かに、朝食の考え方が合う人はいるだろう。でも、そいつと昼食の考え方まで合うかどうかはわからない。合う部分があるってことは、合わない部分もあると考えた方がいいんじゃないかと思う。

ていうか、マジで「気が合う」ってことを突き詰めていくと、理想のタイプって自分ってことになるから。だったら自分と付き合えばいいわけだよな。でもそうじゃなくて、自分以外の誰かと一緒にいたい時、相手との合わなさをどうやって受け入れていけばいいんだろう。たぶんその方法の一つが、諦めるってことで、とても前向きなこと。

私じゃないあなたが好き

気が合うってのはとても素敵なことだけれど、もし本当に、完全に気が合う相手と巡り合ったら、その人との生活はどんなものになるだろう。いつまでもお喋りを続けられて、ストレスゼロの楽しいものかもしれない。

　でも、それって本当に楽しいんだろうか。痒（かゆ）いところに手が届くのが気持ちいいのは、痒いところがあるからだ。完全に気が合う人との生活には、痒いところが生まれないんじゃない？　私が「こうしてほしい」と頼む間もなく、相手が私の理想通りのムーブをしてくれる毎日は、きっと快適だ。でも、あまりにも快適な他人との時間はほとんど一人でいることと変わらないんじゃないかと思う。二人でいるのに一人でいるのと変わらないのは、それがどれだけ快適であったとしても、淋しい。

　相手との決定的な違いが見つかって初めて話し合えることがあって、その話し合いを通して初めて出会う自分がいる。

私はこの、初めての連続がたまらなく愛しい。例えば、その話し合いが、話し合いっていうより大喧嘩であっても、やっぱり愛しい。喧嘩するたびに、どれだけ私たちがわかり合いたがっているかが切実に感じられて嬉しい。

でも、めちゃくちゃ頑張って話し合ってもわかり合えないもんはわかり合えない。それは、別に絶望することじゃない。だって、わかり合えないってことは、私とあなたが違う人間だっていうことの何よりの証拠で、違う人間だから愛し合えているのだ。一つになれないから、一つになりたいと願うのだ。だったらもう、完璧にわかり合うっていうゴールに到達することは諦めていいと思った。

私たちは絶対にわかり合えない。どうしたって違う人間。

でも、だから、あなたとわかり合いたいの。もしも恋人や友達とわかり合えなくてしんどくなったら、一度諦めてみてね。そうすると、自分がどれだけ相手のことを大切に思っているのかがわかるはず。気が合わないって見切りつけて急いで別れないで〜！

この本のために撮り下ろした写真のスタイリングについて図解！　切り取って折るとミニ本ができるからつくってみてね。

——切る　-·-·-谷折り　------山折り

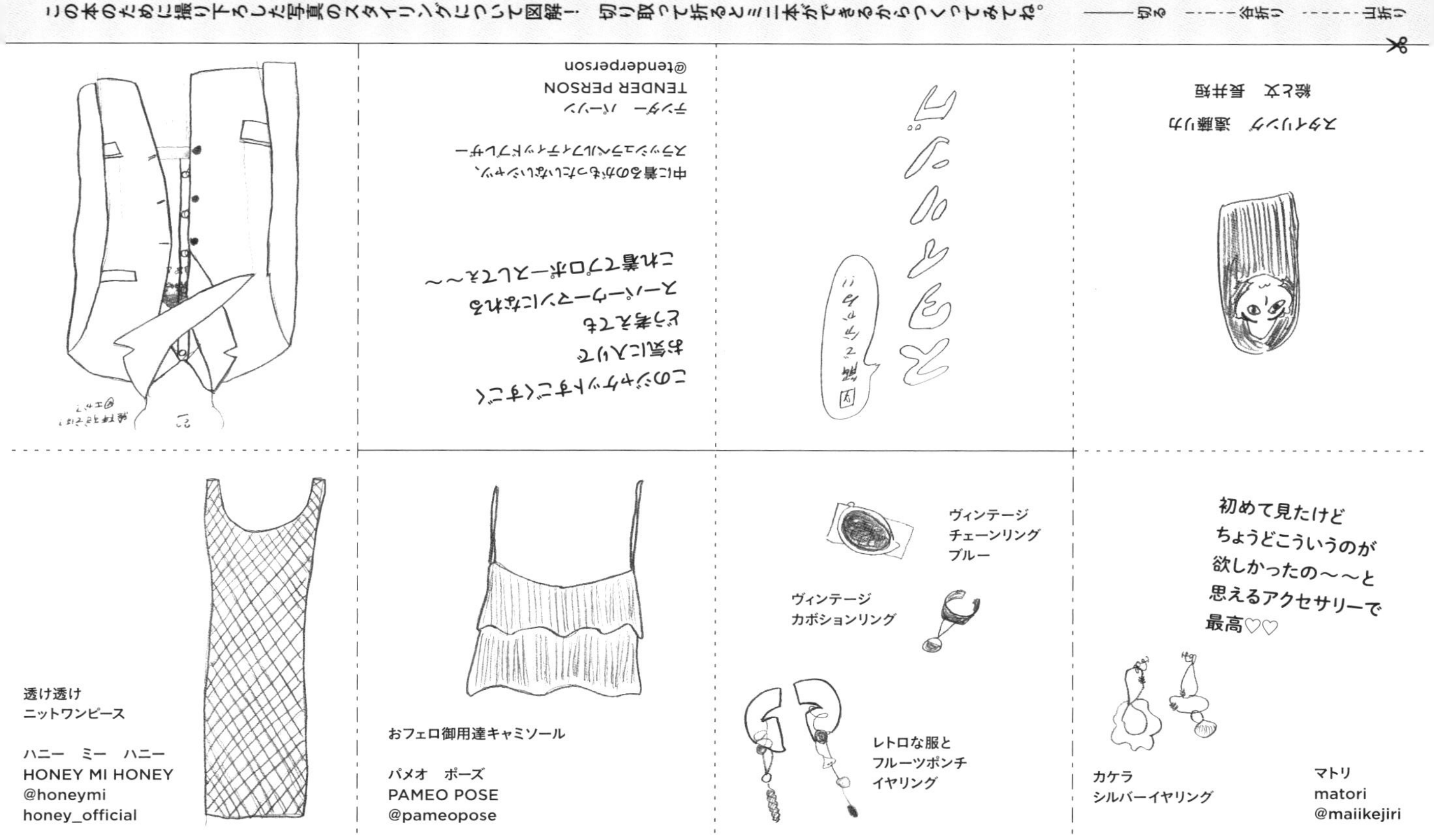

図解でわかる!

ヘアメイク

ヘアメイク　小園ゆかり
絵と文　長井短

おフェロヘアグッズ

・ダヴィネス〈オーセンティックオイル〉
・水
→オイルで束感を演出〜♡
→シンプルに水でぬらせ〜♡
→オイルとボディクリームを
　混ぜて身体もテカテカに〜♡

おフェロメイクグッズ

・CHANELのバーム
・CHANELのルージュココフラッシュ90
→ベースメイクの上にバームで鬼ツヤ♡
→唇の内側をルージュで色付け
　輪郭は透明グロスのW使い♡

おフェロ後毛の作り方

この部分の毛
+
もみあげの毛
つまみ出していく

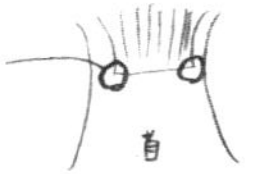

首

そして巻く!
そしてスプレーで固める!

＊マジの風呂上がりの自分を見ると、
ヒントが見つかるぞ!!

ノーファンデ、
コンシーラーを軽使いして
シミもソバカスもクマも
見せていくスタイル

飴細工みたいなヘアーは
感覚で……フォースを感じて……

目元の白いのは三善の
カラークリーム
１回買えば一生使える

この本のために撮り下ろした写真のヘアメイクについて図解!　切り取って折るとミニ本ができるからつくってみてね。

——切る　-・-・-谷折り　- - - - -山折り

第3章

呪いは死んだから

ねえ、あの子のインスタに親でも殺されたの？

このコラムを読んでくれた古い友人から「いい加減環境に迎合しろ」とLINEがきました。私だって迎合したい。でも何かがそれを邪魔するの。あぁ面倒臭いこの自意識……だけど、家でクヨクヨしていても何も変わらないと思い、先日とある化粧品のパーティーに行ってきました。

化粧品のパーティー。私のような陰キャも、このモデルという肩書きのおかげで時々お情けのように呼んでいただけることがあります。

皆さんもネットでパーティーレポートを見かけたことがあるのではないでしょうか。「あれ結局何してんの?」って思いません？

高級なリッツパーティーって感じです。リッツパーティーしながら新作を試したりします。そして一番の目的はこれ。「SNS用の写真撮影大会」会場には豪華なフォトスポットがきちんと用意されていて、みんなそこでクールな1枚を撮り、SNSに投稿。そして拡散。任務完了です。

そこまでお膳立てされても、結局いつも照れてしまい、中途半端な写真しか撮れません。なんか大体ブレてるし。顔もキマってないし。

だけど誤解しないでほしいのは「SNS用に気合い入れて写真撮るとかヤダ」なんて、私は微塵も思ってないってこと。本気で撮りにいってるのに撮れないだけだから。

最近巷では「アンチインスタ映え」的な空気が漂いつつありますけど、あれなんなんですかね？　よし、今回のテーマはこれ。

私たちのSNS史

Instagramを開けば次々出てくるおしゃれな写真。

全てが甘く可愛い小動物系から、暮らしの質にプライドが覗く寝かせ玄米系、とにかくストーリーを駆使する大はしゃぎ系やプロの皆さんによる非の打ち所ないアカウントなど様々なタイプのおしゃれインスタ。私、どのタイプも大好物です。

特に感動したのは小動物系による「イッツ・ア・スモールワールドの工事中の壁インスタ映え化」。凄すぎるイマジネーション。これには天国のウォルトも唖然ですね。

一方で、アンチインスタ映えに最も目をつけられているのもこの子たち。もちろん、撮影禁止の場所や、食べ物を撮るだけ撮って捨てる、なんかは駄目だけど、いや、これはもうインスタ映えどうこうではなく人間としてのモラルの問題でしょ。どうかしてるぜ。インスタは悪じゃない。

他人が自分の毎日を可愛く楽しく飾っていることの何が気にくわないのでしょうか？　1993年生まれの私のSNSの系譜は、「前略プロフィール→mixi→Twitter→Instagram」ってな具合なのですが、確かにこの、矢印の部分。次のSNSへの移行期には新しいSNSへの反感を私も持っていました。「え、mixiって何？　だるくない？　マイミクとか必死すぎだろ」なんて思っていたのはほんの一瞬のことで、すぐに「mixi楽し〜!!　マイミクマイミク〜!!」

アンチインスタの人たちも、新しいものにビビっているだけなのでしょうか？　う〜ん、ちょっとピンと来ない。

やっぱり「イケメンの彼氏とイケてる友達に囲まれたあたしの、控えめに言って最高な毎日」みたいなのが鼻につくんだろうな。控えめに言って最高ってなんだよ。

確かにこのアピールにはちょっとイラッとするし、誰かに見てもらわないと幸せを幸せだと認められないのはとっても悲しいことだと思います。幸せは誰に認められなくても幸せなままのはず。でも、本当にみんなアピールでやっているの？　Instagramの投稿にそこまで意味を感じてるわけ？

マイスウィートインスタグラム

SNSって持ち物なんじゃないかと思うんです。もはやInstagramって持ち物と同じでしょ？　携帯にお気に入りのケースをつけること、ちょっと高い靴下を買うこと、それと何が違うんだろう。

少し前までは、ネットの世界と現実はもっと隔離されたものだったけど、今はもう全然曖昧。前略プロフィールがただのネットだったのに比べ、TwitterやInstagramはもっともっと私に近い。可愛い服を着たいのと同じように、自分のSNSはとびっきり自分好みにしたいのです。

それで何かを得たいわけじゃなくて、私の世界は私のお気に入りであってほしい。そう思うことって、変でしょうか？　やっぱ、自分の好きなもの見ると楽しいじゃん。ネットだっておしゃれしたい！

それに対して「自分可愛いと思ってんのかよ承認欲求ヤバ」ってのはちょっと意地悪すぎやしないかい？　と思うのです。

自分可愛いと思ってやってるんじゃなくて、自分を可愛くしたくてやってるんだよね。それって健気じゃん。健気な努力にケチつけないで！　もっと自分のことに集中してよ！　っていうか、本当はあなたもやりたいんでしょ？　でもちょっと恥ずかしくって、SNOWとかロールアイスとか避けちゃうんだよね。わかるよ。

でも、正直に自分の好きなものを楽しんでる人に文句言う理由にはならないから。お互いそっとしておこうね。「俗っぽくない私」みたいなバイブスは自分の中で楽しんでください。

それでは皆さん、ここで気分転換に私のInstagramを開いてみてください。この本も110ページ目ですから、ちょっと休憩しましょう。スマホをいじり終えたらまたこのページに戻ってきてください。私のInstagramを確認するのを忘れずに！　過去の投稿も遡って確認してください。

皆さんおかえりなさい。インスタ、見れました？　見た人は気付いたよね。これは……やってますね。

「インスタ映えに翻弄されない、俗に魂を売らない私」の自意識出ちゃってますね。あー恥ずかしい。こういう自意識が一番痛い。わかってるけどやめられない。

でも、私はアンチインスタ映えじゃないからセーフ。いや待てよ？　アンチインスタ映えにさらにアンチの姿勢を構えてる私って……結局一番性格悪いんじゃないの？　え、ちょっと待って待っていかないで！　お願い嫌いにならないで……！

ねぇ、どうして私を変わり者扱いするの？

久しぶりに渋谷に出かけました。天気のいい渋谷の街は明るい空気に満ち満ちていて、そこにいる人たちの多くがとっても楽しそうなことに心温まり、でもまださらに貪欲に楽しさを欲している横顔に少し怯え、その度に「本当に色んな人がいるな。知ってたけどやっぱ色んな人いるわ」なんて考えていました。

色んな人がいる。そんなこと物心ついたときから知ってるのに、そこにおおらかではない人もいる。だって色んな人がいるんだから。わかっていても、少しアテられてしまうのであった……今回はそんなコラムです。

「変わってるよね」なんて言わないで

皆さんは、どんな服が好きですか？　どんな音楽が好きですか？

世の中には本当に、ものすごい数の素敵なものがあって、それって超楽しいよね。無数にある素敵なものの中には、流行ってたり人気のあるものもあれば、あまり人に知られていないもの、素敵じゃないみたいな扱いをされているものもある。

でもそんな周りの評価なんて、何かを好きになる時にマジで関係ない。マジで関係ないのに。私に周りを気にさせる悪夢の言葉があります。それは、

「長井さんって変わってるよね」

「変わっている」この言葉が本当に苦手なのです。これってそもそもどういうことなのでしょうか？「あなたは私と比べて変」ってこと？　参ったなこりゃ。比べられる筋合いないぞ……？

そうは言っても、お互いにお互いを比べ合って平均値を出していくのが世の中ってもの。比べたくなったら自分で比べるからそっとしておいてよと思うけど、そううまくはいきません。この間も、なんか気付いたら私変わり者ってことになってました。

好きな音楽の話をしていました。私はディスコソングが好きで、その子は乃木坂46が好き。好みは一致しなかったけど、だからって私はその子のことを特になんとも思わないし、なんなら私の触れたことのないものを愛するその子と仲良くなって、どんな風に素敵なのか教えてほしかった。でも、その子は、なんかものすごい勢いで、今乃木坂を聞いたことがない人間がいかに少数派かを私に説いて、「短ちゃんまじ変わってるね？　自分の世界ある感じ？」と私のことを笑った。

あの子と少し違うこと

そんなこと言う意図がわからねー!!!!　全然意図がわからないよ！　それぞれの好みに合うものを愛していることの何が気にくわないの？　あなたの好きなもの、私も好きじゃなきゃダメ？　お前は神か？　多数派に属している方が何か人生有利なわけ？　なんで？　って言うかその多数派ってどの規模感？　東京での話？　東京の中ではみんな乃木坂を聞いてるから東京にいるなら聞けってこと？　ん？　あんた都知事？

ふぅ……勢い余ってずいぶん意地悪な文章を書いてしまいました……すいません……。別に、その子が自分のこと神だと思ってないことはわかってるし、そんな何か意図があって「変わってる」って言ってるわけじゃないことはなんとなく察しはつくんです。

でも、「変わってる」と言われると、途端に自分は世界の鼻つまみ者な気がしてきて、私は、私が私らしくいることを放棄してしまいたくなるのです。

小さい頃からそうでした。学校に履いていく靴下が他の子と少し違うこと。休日家族で出かける場所が他の子と少し違うこと。好きなタレントが他の子と少し違うこと。そういう些細なズレが周囲に見つかってしまった時の、なんとも言えない居心地の悪さ。多数派の波に乗れていないことへの不安。そんなものを抱えるくらいなら、ランキングの上の方のものを自動的に選んで愛する方が楽なんじゃないかと、今でも時々思ってしまうのです。

あなたがあなたでいることがマジ尊い

でも、そんなことしても別に誰も喜ばないんですよね。多数派の人たちが「ようこそ」と両手を広げてくれるわけでもないし。やっぱり、自分の素敵だと思うものを素敵だと思いつづける方が人生は楽しそう。だけどちょっと変わり者として指さされるのに疲れちゃったな……そんな時はこれ。「大俯瞰」です。**みんなー！　大俯瞰の時間だよ！**

ちょっと一回幽体離脱して上の方から見てみましょう。「変わっている」と言われた時の主観の感想は一回捨てて、ただ、今ここで起きていることを観察。

まず初めは俯瞰です。「あの子、自分がこれを好きって気持ちだけじゃなんとなく心細いんだ。だから、大流行しているわけではないものを好む私と自分を比べて、自分の方が多数派で、仲間が多いっていう事実から、自分の価値観を信じる力を吸収しているんだ」

俯瞰から浮かび上がってくることはこのあたりまででしょうか。ここまでだとあの子は「自分に自信を持つために、少数派の人を使っている子」になってしまうので、ちょっと悪者になってしまいますね。場合によっては相手を悪者にした方が気持ちは落ち着くけれど、それじゃあ結局あの子たちとやってることは変わりません。

みんな、ここで止まらないで！　さらに上まで昇りましょう。

大俯瞰。そこで見えてくるのは「相対評価の頼りなさ」ではないでしょうか。

どれだけ頑張っても、私たちは一人で生きています。一人が集まって社会ができているってだけ。それなのに相対評価でお互いにプレッシャーを掛け合って、足並みを揃えようとすることって、そもそもめちゃくちゃナンセンスじゃないですか？

あと、小3くらいの段階で習ったよね。「みんなちがって、みんないい」って。

これよこれ。これが真理。みんなちがってみんないいわけです。多数派であることにすがる人がいてもいいし、少数派を変わり者扱いして自尊心を満たす人がいたっていい。私の感情はそのことに悲しんだりするけど、大俯瞰して現象だけを見たら、別にそういう人がいてもいいってことが見えてきます。なぜなら「みんなちがって、みんないい」から。

大切なことって、すごく小さい時に教えてもらってるものなのね。

どうかな？　大俯瞰って、恋だけじゃなくて積もり積もるストレスにも対応できるんです。色んな人と接するのは楽しいけれど、接すれば接するほど、人にアテられる機会も増えます。そんな時は、頭の中で念じましょう。「**地球は私の掌の上**」神の視点で過ごすのです。ひとつひとつ真面目に聞く必要なんてありません。

今日も明日も、あなたがあなたでいることを諦めないでいられますように。

「パリピかよ」そんな悪口もうダサいから行くしナイトプール

8月某日。夏休みも終わりに差し掛かった頃、私は自分の夏休みを振り返っていた。何かやり残したことはないだろうか……今年の夏、大丈夫だった？　私、ちゃんと楽しめた？　スマホをだらだらいじりながら回想してみて、まぁこんなもんでしょう、なかなか楽しかったですと自分に言い聞かせた時、ふとInstagramに表示される知らない女の写真。

「ナイトプールだ……」

いつの間にかめちゃくちゃ流行っているナイトプール。怪しく光る水面、ユニコーンにまたがる女の子、そして谷間。

途端に「けっ」って気持ちになった。

何がナイトプールよ。夜にプール入ってるだけじゃん！　そこに行って？　何？　写真撮るの？　盛って？　で？　ナンパされんの？　けっ！　と思った数秒後、血の気が引いた。

「私、ダサくない……？」

鉄の掟・ディスるなら経験してから

ナイトプールに行ったことがない。行ったことがないのに、そこで楽しんでいる人たちを指差して「何あれ〜」なんて言いながらバカにしたように笑うなんて、ちょっとダサすぎる。

なんかもう、その角度で流行ってるものを見るの古いし。しかも、知らない女の子たちだ。彼女たちがどんな気持ちで、目的でナイトプールに行ったのかも知らないのに。

もしかしたら半年ぶりの休みだったのかもしれない。5年ぶりの再会かもしれない。独身最後の夜かもしれない。私の知らない女の子たちの人生を勝手に「ナイトプール＝どチャラのパリピ」で束ねるなんて。

別にどチャラのパリピでもいいし。もう、もはや暴力だよ！　ごめんなさい！　私、暴力を振るっていました!!

すごく反省する一方で、やっぱりどこか「ナイトプールなんて」と思ってしまう私もいて、さてはてこれはどう折り合いをつければいいものやら……。

そこで選んだ苦肉の策。

「いや、もはやナイトプール行けよ」

これだ！

私がナイトプールに行ってみて楽しくなかった時、初めて「ナイトプールなんて」と堂々と言える。だってそれは、私の抱いた感想だもん。そんなわけで私はついに、ナイトプールに向かったのでした。

見えてくる生身のナイトプール

同じ感情を抱く友人たちと勇気を出して、某ホテルのナイトプールに向かった。

「どんな人がいるんだろう」

「みんな何をしてるんだろう」

「前戯中みたいになってる男女もいるのかな？」

ドキドキしながら到着したホテルはそれはそれは綺麗で、このホテルでいやらしいことが起きているなんてちょっと想像しづらかった。

プールの受付を済ませ、更衣室に向かう。

あれ？　なんか全然平和じゃない？　想像していた更衣室は、鏡前争奪戦が起きていて、みんな死ぬほどメイク直ししてるイメージだったけど、全然そんなことない。

え？　健康ランドかな？

拍子抜けした気持ちでプールに向かうと、夕日がプールに降り注いで、あ、なんかいい風……。

そしてプールサイドに並ぶソファベッド。これこれ～！　**このソファベッドでみんなシャンパン飲みながらイチャイチャするんだろ？　見せてみろよ！　ほら！　来いよ！**

……あれ？　全然人気ないじゃんソファベッド……え？

なんか全然思ってたのと違う。全然嫌な感じがない。嫌な感じを浴びに来たのに。呆然とビールを注文して、椅子に腰掛けた時、**来た！　巨大ユニコーンだ！　巨大ユニコーンに乗って、死ぬほど自撮りするんでしょ？　からのナンパでしょ？　どうやってやるの？　見せて！**

……あれ？　凄いくつろいでる……ラッコかな……？

なんだか馬鹿らしくなって来た。

このプールで、意地悪な気持ちを持ってるの私だけじゃん。みんな、それぞれの夏の思い出を作りに来てるだけなのに。

恥ずかしい。私、マジでダサい。もうやめよう。人の楽しみに水を差すのって、マジでしょうもない。

あ～なんでこんなシンプルなことを、もっと早くに受け入れられなかったんだろう。

でも、クヨクヨしてても仕方ない。今日から少しでもダサくなく生きていくために、まずはナイトプールを楽しもう。ビーチボールで遊ぼう。

友人たちとボールで遊び始めたら、小学生くらいの男の子が無言で近づいて来た。**小学生の男の子がいたんかい!!** ナイトプールって、**家族連れもいるんかい!!**

でもそうか、ホテルだもんね。家族旅行で東京に来て、ここに泊まってるのかな。夜プールに入るなんて、学校じゃできないもんね。

そう考えると、ナイトプールってめちゃくちゃワクワクするね。なんて思っている間も少年はずっとこっちを見つめているので、おそるおそる声をかけた。

「一緒にやる?」

「やる!!!!」

そこから約1時間。私たちは少年とボールを追いかけ続けた。1時間って、大人がボール追いかけるには長すぎる。

でもやるのだ。だってここはプールだし、少年はめちゃくちゃ笑っている。正直お姉さんたちはもう限界だけど、君がそんなに楽しいなら付き合うよ。

1秒でも長く楽しみたい、それだけなの

「死ぬかと思った〜！」と言って少年は帰っていった。まじでこっちのセリフ。私たちはもうへとへとで、思い出したようにプールを眺めた。

巨大ユニコーンのギャルも、巨大スイカのカップルも、プールから上がってバーベキューを始めていた。**バーベキューもできるんかい!!**

彼女たちは、楽しいことに貪欲なんだな。きっと、ホテルの部屋もしっかり押さえてあるんだろう。プールに入ってバーベキューして、大好きな人と一緒の部屋で眠るのだ。夏の終わりに、終わらない最高の1日を過ごすのだ。みんな、この時間のために働いてきたのだ。

きっと、彼女たちは他人の楽しみに水を差す暇なんてないだろう。楽しむことに忙しいんだもん。

あ〜なにそれ。それって最高じゃん。超かっこいい人生じゃん。私も、私と私の大好きな人たちの楽しいを考えて忙しくなりたい。

意地悪なんてもうやめだ!!

「金よ、愛情をなめるなよ」

奢る奢らないは死んだ呪いです

この間久しぶりに飲み会をしたんですが、会計の時間の煩わしさに引きました。あれ、飲み会の会計ってこんなにダルかったっけ？　誰が出すだの出さないだの、もう、みんなで出せばよくな～い？　って叫びそうになりますが、そうもいかないのが難しいところ。今までもこれからも付いて回るであろう「奢(おご)る・奢らない問題」について、今回は書こうと思います。大人なコラム、書くぞ～！

奢る奢らない問題

「奢ってくれなかった」だの「奢ってやったのに」だの、なんだか違和感のある言葉を最近よく目にする。正直どちらも、全くピンとこない。

え、ピンとこなくない？　１９９３年キッズの私の周りには、少なくとも「奢る・奢らない問題」はあまり存在していないように思う。

だって、普通に友達とか好きな人とご飯食べるのって楽しくない？　お喋りできて、美味しいもの食べれて、お酒も飲めるなんてめちゃくちゃ最高じゃん。

それだけじゃ、ダメ？　っていうか「奢ってくれなかった」とか「奢ってやったのに」とか一体誰が言ってるんだろう。なんでそんなことを思うんだろう。

「こんなに身だしなみにお金をかけたんだから、奢ってよ」という女の子。なんだか可愛いくも聞こえるこの言葉だけど、いやいやちょっと待って。

好きな男の子のために、お金をかけて一生懸命美しくなったのかもしれないけど、それ、勝手にやってることだよね？　頼まれては……ないよね。男の子に好かれたくて、自分でやったんだよね。じゃあちょっと、金銭で対価を求めるのは違うんじゃな〜い？

そもそも、美しさは他人のためのものじゃない。価値は自分で決めるのだ。

てか、私が選んだ、私の一番好きな私で食べる飯の方がシンプルに美味しそうだし。

対して「奢ってやったのに」と言う男の子。これはまぁ、平成も終わったって時にこんなこと言ってる人本当はいないんじゃないかなと思うけど。これもさっきの女の子と同じで、いやいや、奢りたいから奢ったんでしょ？　したいことしたんだから、それで終わり。

ただそれだけじゃない？

「男の子が多くお金を払わないといけない」みたいな呪いがこの世にあるってもっぱらの

噂だけど、呪いなんかに負けないでよ。

っていうか、そんな呪いはもう死んだ。私たちは令和を生きている。少なくとも私の周りの世界に、そんな呪いは存在しない。

私の力で私のしたいことを

私は、好きな人と楽しく食事したいだけなのだ。相手が友達でも恋人でも、形容しがたいエッチな関係だとしても。

相手が男の子でも女の子でも、もしくは「私はドラゴンっていう新しい性別の人間です」と言ったとしても、そんなことはどうでもよくて、あなたとご飯が食べたい。お酒が飲みたい。

金よ、愛情をなめるなよ。お前に買収されるほど、現代人は甘くないのだ。私たちは、私たちの楽しい時間のために、お会計をピタリと2で割りお金を払う。そこに何の疑問もない。

こんなこと言うと親世代からは「お金、出してもらえないの?」なんて心配されちゃう時もあるけど、違う違～う! そもそも出してもらおうと思ってないのだ。「なんとなく男の子が払う呪い」はもう死んだんだし、楽しさは自分の力で手に入れたいのだ。私たちは当たり前のようにみんなでお金を払う。

っていうか、払いたいの！　私はお金を！　払いたいの！

奢ってもらうことだって、もちろん楽しい。嬉しい。

でもその気持ちの源は、シンプルであってほしいのだ。「誕生日おめでとう」だとか「いつもありがとう」だとか、そういう、なんてことないことを理由にご馳走してほしい。

よこしまな理由でお金を払われても困ってしまうし、そういうことならマジで普通にお金払う。まぁ、そんなよこしまな人と食事になんて行かないけど。

なぁんて言うと「ゆとり世代だねぇ」と言われがちだけど、違うよ逆逆!!　ゆとりがねーんだよこっちはよぉ。好きでもない人と食事に行く金銭的ゆとりも時間的ゆとりもないの。好きな人と食事に行くだけで、人生なんてすぐに終わっちゃうんだから。

それから、もちろん奢ってもらった食事も美味しいけれど、私だって奢りたい。

え、奢りたくない？　だって、奢ってもらうと嬉しい気持ちになるわけだから、私だって相手を嬉しい気持ちにしたい。

年下だからとか、女の子だからっていう理由で奢ってくれようとする優しい大人がたくさんいるけど、**ちょっと待ってよ！　私だってみんなを喜ばせたいよ！　独り占めしないでよその気持ちよさ!!**　汗水垂らして稼いだお金で、大好きな人を喜ばせたい気持ちは全員にあるはずだ。

お願いしますよ〜私にも払わせてくださいよ〜。

呪いは死んだから

奢りあいたい。何かにつけて、いちいち奢りあいたい。

給料日前は、きっちり2で割りたい。そうやって、お互いに無理のない範囲で、ずっと一緒に美味しいものを食べていたい。

奢るとか奢らないとか、そんなの本当はどうでもいいのだ。そこに意味はない。大切な人と美味しい時間を過ごしたくて食事に行く。おしまい。

奢っても奢らなくても、奢られても奢られなくても、起きることは同じであるべきでしょ？　どっちにしたって、楽しいでしょ？　忖度（そんたく）するのはやめにしようよ。呪いは死んだし、次の次元に進みましょう。

って、なんかこれはある種子供に戻るみたいなことだな……あれ……？

「えっ?! 知らないの?!」

理解を断絶するリアクションもうやめない?

家でぼーっとテレビを見ていた時のことだった。画面には日に焼けた肌の中年男性と、若い男の子二人が映っていて、どうやらこれから中年男性が男の子二人に何かを教えてあげるようだった。見るでもなく見ないでもなく机の上をなんとなく片付けようとすると、テレビから聞こえてきた。

「かわいそうな世代だねぇ」

流れはこうだ。中年男性が、若い二人に昭和の頃に流行っていたものを教えようとした。すると若い子の一人が「僕たちは平成生まれなのでよく知らないですね」と合いの手を入れたのだ。するとさっきの言葉だ。

「かわいそうな世代だねぇ」

中年男性は機嫌が悪そうだった。

見る気も見ない気もなかったはずのテレビだったけど、途端に見る気をなくしてしまい、消した。今思うとその後も見ておけばよかったなと思うけど、とにかく、見る気がなくなってしまったのだ。

「かわいそうな世代」。いやいや、誰だか知らないけど笑わせんなよおじさん。

かわいそうってなんだよおじさんどういうつもり？　自分でも気付いてなかったけど、どうやらこの時私も機嫌が悪かったっぽい。

生まれてないから知らないだけなの

こういうことって、そこら中にある。誰だって、自分の時代が最高だと思いたい気持ちが少しはあるだろうし、何より私たちは過去のことばかりを愛しがちだ。

もちろん私も、自分が生まれた１９９３年からの27年間のことを特別な27年間だと思ってしまうことがあるし、その中でも１９９８年から２０１２年あたり（欲張りすぎ！）までは最高の思い出だと思う。

でもそのことで、自分以外の世代を「かわいそうな世代」だなんて思わない。思いも考えもしなかった暴力的な言葉が突然テレビから流れてきて、多分私はびっくりしてしまったのだ。

そんなこと、人に言う？　ヤバくない？　いっつもそうなの？　それともテレビだから？　誰だかもわからないんだから聞きようもないし、でもモヤモヤするから、あの日に焼けたおじさんのことを想像するしかない。

「かわいそうな世代」なんていきすぎたフレーズは聞いたことなかったけど、同じような趣旨というか、この言葉が出てくるきっかけの感情は同じなんじゃないかな？　と思うフレーズはよく聞く。

「いい時代だったんだよ」だ。

これは聞く。めっちゃ聞く。なんなら幼稚園時代の友達と集まってみんなでふざけて言ったこともある。「いい時代だったんだよ」は、聞いても嫌な気持ちにならないのだ。私が生まれる前の世界のこと、もちろん超興味あるし、きっと素晴らしいことがたくさんあったんだろうし、教えて欲しいなと思う。

でも、だ。ここからが問題だ。この後、おじさんが話してくれる昭和の思い出を、もちろん私は知らない。そのことを勉強不足だとかって理由で、叱りつけたり馬鹿にしたりしないで欲しいのだ。

ほとんどの場合、それは勉強不足とかの問題ではない。普通に、生まれてなかったんです！　生まれてないの！　生まれたら生まれたで、勉強しなくちゃいけないことは山ほどある。知りたいことだらけの人生の中で、自分が生まれる前の話に手をつけるのがちょっぴり遅くなっちゃうことって、仕方なくない？　ってか、今に追いつくのも精一杯じゃない？　逆に、もしおじさんが私に「Instagramって何？」と聞いてきたとしたら、全然普通に教えるだろう。

「っっ?!?!　Instagramを!!　知らないんですか?!?!」なんてマウントは取らない。知らないことは普通のことだ。だから私が「ポケベルってどうやって使うの？」って聞いた時、**「っっ?!?!　ポケベルの使い方を!!　知らないの?!?!」**なんて過剰なリアクションはどうか取らないでほしい。コメディじゃないんだから普通でいい。

生活の中でスーパーコメディみたいなリアクションばかりとっていると、気付かないうちに私たちの間に断絶が生まれる。あ～また馬鹿にされるのかと思うと、理解したい仲良くなりたいってエネルギーがすり減ってしまうのだ。

脱・スーパーコメディ生活

このすり減りの先にあるのが「かわいそうな世代だねぇ」なんじゃないかと思う。**知らないことを馬鹿にされたり笑われるくらいならもういいし！　タメの奴とだけつるむし！　プンスカ！**

すり減ってしまったエネルギーが変換されて、こんなフレーズが生まれてしまったのかな。きっと、淋しかったんだろうなと思う。年をとるにつれて、若い頃の思い出は輝きを増す。一方で、そのユートピアを共有できる仲間は減っていく。時代はどんどん流れていって、いつの間にか、今を生きているはずなのに自分が過去の人間のように思えることが、きっとあるのだ。

でも、それがどんなに淋しくても、意地悪言わないでほしい。意地悪されてもどうにもならないし、それどころか私たちが仲良くなるチャンスはますます減る。そんなのってあんまりだ。とても淋しいじゃないですか〜やめよ〜?

誰だって年をとるし、ものすごいスピードで文明は進化して、新しいものだらけだ。

実は、私はTikTokのやり方がわからない。でも、そのことをあんまり馬鹿にしないでくれたら嬉しいなぁと思う。普通に、TikTokを教えてもらえたら嬉しいな。お返しに私は、任天堂64のマリオパーティーの必勝法を教えるから。そうやって、普通に、お互いが知らないことを教えあいたい。

日常はバラエティ番組じゃない。お互いの生まれた時代の違いを過剰に浮き彫りにして、無理やり笑いにする必要ってないのだ。

誰かが何かを知らないことを自分の自尊心の肥やしにするのも絶対に間違ってる。これ以上、年齢が理解を断絶することがないように、今ここでうちらがなんとかできたらいいねって祈りを込めて。

「パパとママから生まれたわたし」の心の中は両性だから

衣替えをすると忘れていた服が出てくることがあって、それは凄くフェミニンな場合もあれば、ボーイッシュな場合もある。その洋服たちを眺める時、私の頭の中に浮かびがちな文章があって、それは「男の子と女の子ってなんだろう」ってこと。

いや、またデケーなテーマが。でもどうしてもこの文章が頭から離れないので考えてみようと思います。書き始めた時点では、なんの結論もありません。不安です。

「女の子」とのズレ

男の子と女の子。わたしは女の子。それはどうしてだろうなんて、今まで考えたこともないくらい、わたしは女の子だ。

子供の頃、それが嫌だったことがある。女の子であることが嫌っていうんじゃなくて、女の子とか男の子とかがあるってこと自体が嫌だった。

「**は？　なんで分けんの？　みんなで遊んだ方が楽しいだろボケ**」って毎日怒っていた気

がする。

物心がついてから少し経って、わたしはいわゆる「平均的な女の子」よりも「男の子っぽい女の子」なんだということを知った。

わたしはいつまで経ってもドッジボールがしたかったけど、クラスの女の子達は「遠くに住んでいる彼氏」について話している方が楽しいらしいのだ。

え、そいつ実在すんの？　ちょっと大人っぽく振る舞いたいだけじゃない？　と思いながらも、あれれ〜？　わたしってヤバイの？　と不安になったのはこの頃で、当時は花より男子のドラマが流行っていて、「Ｆ４で誰が一番好きか」があの頃の女の子の悩みのタネだった。

わたしの悩みのタネは「あたいは牧野つくしみたいに強くない」ってことで、もう全然ズレている。別に、それはどうってことなくて、悲しいとか淋しいなんて気持ちはこれっぽっちもなかったけど、ただただ不思議だった。

その不思議さは大人になった今も心のどこかにある。でも、「わたしって男っぽいんだ」って台詞はあまりにも恥ずかしいし、ていうかその男っぽさがなんなのかもわからないし、別に女の子とも気が合うし、男の子とも気が合うし、どっちにしろ合わない人とは合わないし、みんなそうだと思うし、でもえ、もうなんなの？　わたしってなに？　誰？

俺の中の女

わたしには最高の元カレこと現夫がいるんだけど、ある日、いつも通り彼に今日あったことをペラペラ話していると、突然彼が言ったのだ。

「あ〜それは俺の中の女も怒ってるわ」と。

え……今なんて言った？「俺の中の女」……ですって？「俺の中に女がいるの？」と聞くと「いるねぇ」と彼は言った。

その時私が話していたのはいつものごとく、飲み会のクソみたいな愚痴で「あの子、おじさんのつまんない話はよく聞くし笑うのに、私の話は聞いてくれないのが悔しい。絶対私の話の方がおじさんより面白かった。でも結局、面白い話しようと頑張る私よりも、つまんない話を笑って聞けるあの子の方が贔屓されるわけでしょ？なんなのその世界！つまんない方がいいの?! やってらんねーよ！俺の話を聞け〜」と、鬼ころし片手にまくし立てていた。

すると帰ってきたのが先述の「俺の中の女」だ。

「なんか、男の俺がその子のことを感じの良い子だなって思ったとしても、俺の中の女がそのまま鵜呑みにするのを許してないな……みたいな感覚がある」と言うのだ。

わたしは「これや‼」と開眼した。

女の子と男の子から生まれたわたし

どうして、心の中の性別が一つだって思ってたんだろう。

卵子と精子が混ざって人間が出来ているんだから、男も女も自分の中にいて当たり前だ。

わたし達の心の中には、男の子も女の子も存在する。パパにも似てるしママにも似てるのと同じように。

違いがあるのはその割合だ。男の子が多い人もいれば、女の子が多い人もいて、肉体がどう生まれたにせよ、心の中の割合は無限なのだ。

そう思った途端、色んなことがめちゃくちゃ楽になった。え〜すごい楽〜。私は解き放たれた。

なんとなく今まで「私は女だから、女の子らしくある方がいいのでは？」と思っていた部分があって、だから、人から「女の子っぽくないね」と言われると「女なのに……なんかごめん……」と、どこかで申し訳なく思ってしまっていたのだ。

でも、申し訳なく思う必要なんてそもそもなかったのだ。

だって、私は男と女の合体から生まれて、女と男の遺伝子から作られたんだもん。身体がお母さん似だから女ってだけで、心の中にはお父さんもいる。だから男っぽくても当然なのだ。

そう考えるようになってから、他人の気持ちを想像する範囲が広がったように感じる。さっきの鬼ころし片手の私の愚痴も、今までなら「あの子得してズリー！」としか思えなかったけど、「もしかしたらあの女の子の心の中はものすごくおじさんで、だからめちゃくちゃおじさんの話を聞きたかったのでは？」と想像できるようになった。

心の中がものすごくおじさんなら、私みたいな小娘の話に興味ないのも仕方ない……のか？　なんにせよ、想像力が増すのは優しくなるための第一歩だから、シンプルに嬉しい。

なんか「遺伝子」とか言ってみたりして、ちょっとカッコつけちゃった！　けど、学がないので難しいことは全然わからない。男の心にも女の心にも、女の子と男の子の両方が住んでいるとしたって、人の気持ちなんてわからないままだ。

でも、「卵子と精子が混ざって人間が出来ているんだから、男も女も自分の中にいて当たり前」って思うことで、「女の子っぽくないね」「男の子っぽくないね」という言葉で思い悩む人がちょっとでも少なくなったらいいなぁと思う。

長井短の なりたい職業 ベスト3

長井短のなりたい職業と、
その職業で言いたいセリフを
大発表〜！
過ごしてみたかった
夢のある人生を書いてみたけど、
夢すぎて辛くなった。
夢小説かよ。

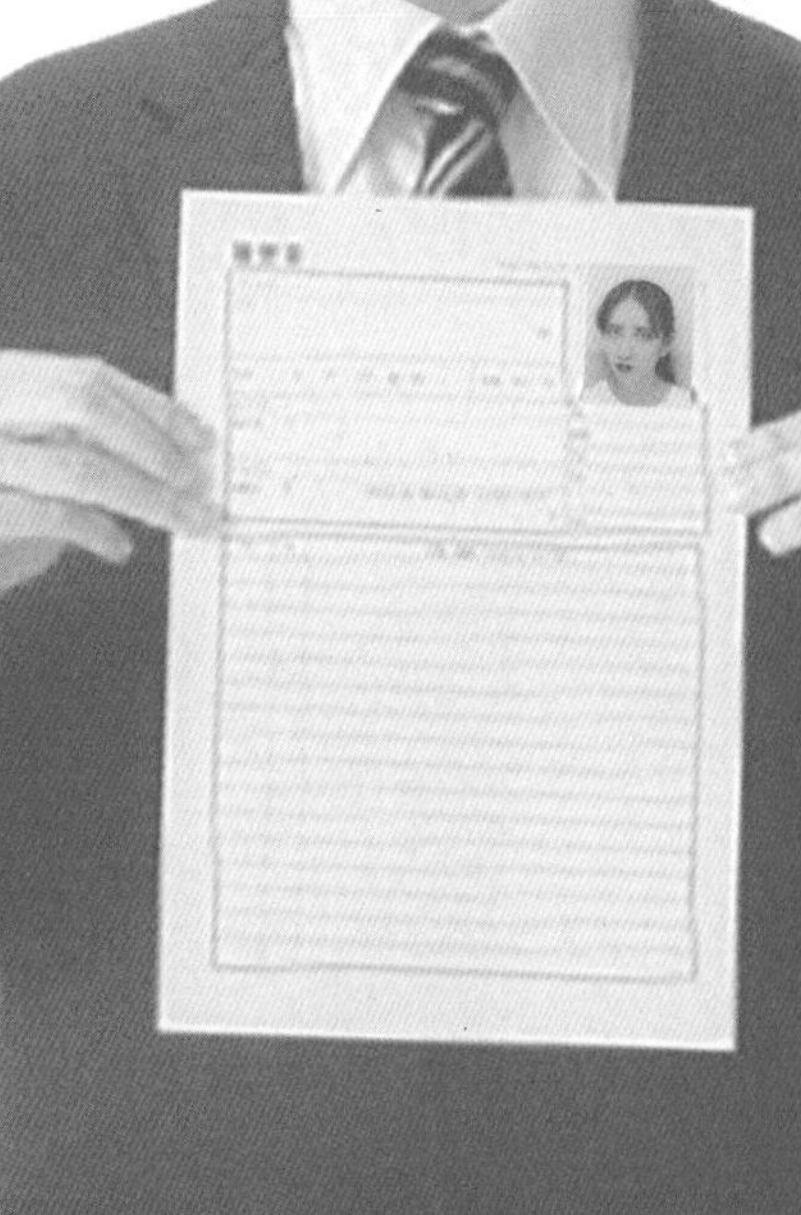

座って
ひねるんだよ.
そうしたら出る

あぁ君、それじゃなくて、
一つ右の牌を捨てなさい

見ていたい
牌を残せば、
そのうち
ロンだよ

ラスベガスは、
私がイカサマをしてると
思ったようでね。
48時間拘束されたけど、
良い街だよ

三連単は、
曇りの日に買うと
当たるんだ

第3位 ◇◇

あまりにも強運なギャンブラー

2月29日生まれ、運から生まれ、運に育てられ、運に愛された生粋のギャンブラー。子供の頃、クラスメイトから届いた全ての年賀状がお年玉当選。何かおかしいと気付く。高校時代はパチンコ屋でアルバイトを始め、私が掃除した台はその後確実に当たるということに気付いた常連客に神と崇められる。「君は、大人になったら絶対にパチンコ代に座りなさい」と言われ、20歳でパチンコデビュー。座ると出てしまうため、面白さがわからず麻雀へ転向。「筒子可愛いから残しとこ〜」などの思いつきでさらりと跳満を叩き出す。プロになることを勧められるが「公式試合はドリンクバーがないからやだ」という理由で断る。預金残高が4桁を切ると競馬に行き、残高を7桁にする生活を送っていたが、34歳の時思い立ってラスベガスへ。当たりすぎて職質を受けるって私は何を書いてんだよ……こんな強運だったらいいなあ……いいなあって……みんなも思うでしょ……。

家には本が二万冊あるんですけど

面白い質問ですね

これはニーチェも同じことを言っています

それは心です

にん…げん……

第２位 ◇◇◇◇◇◇◇◇◇◇◇◇◇◇◇◇◇◇◇◇◇◇◇◇◇◇◇◇◇◇◇◇◇◇◇◇◇◇◇

哲学者

NHKとかで23時くらいから放送される、ちょっと深掘りして話し合うタイプの番組に頻繁に呼ばれる哲学者になりたい。家に本が2万冊あるので、知識の量がエグい。いとうせいこうや伊集院光に「ほえ〜〜そぉれは面白いですね！」と言わせるのがうまい。あと、色んな考え方を知っているからすごく優しい。哲学者や思想家の人の話し方は、物腰が柔らかくて、自分の知っていることを相手に届く言葉に変換して話せている感じがしてとても羨ましい。私は短気だし、すぐ「でも」とか「だけど」とか言っちゃうし、ダメだこりゃ。哲学者に限らず、学者とかってなんでも知っている感じがするけど、実際あの人たちってどれくらい知ってるんだろう。私はほとんど何も知らないけど、とりあえず家に2万冊の本を置くことから始めてみようと思います。

なんで来るのよ

サインする暇あったらボトル入れて

そろそろ帰って

キョンキョン？あ、今日子ね

あんたの席はないよ

第１位 ◇◇

やたら業界人が集まる老舗スナックのママ

不思議と業界人が集まる、三宿あたりのスナックのママになりたい。ママは無愛想で、相手がどんな有名人だろうとぶっきらぼう。普段注目されたり、人に気を遣われることに疲れた有名人たちは、ママの態度の悪さに夢中になるのだ。「後輩をこのスナックに連れていったら一人前」みたいな風習があるため、30を過ぎた業界人は我先にと後輩を連れていく。「ここのママはね、自分が好きだと思った人にしか酒作らないんだよ」などと言い、後輩をビビらせるのが定番である。ピンと来ない若者が飲みにきたら「ふ〜ん」しか相槌を打たないとか、相手がキョンキョンであっても「あんた喋ってないでお金払って」とか臆せず言いたいけど、私にそんな勇気はない。そもそも、突然自分の陣地に入ってきた人間と会話をするなんて無理。「え、なんか飲みますか？」がやっとだろう。スナックのママは、人見知りとかしないんだろうか。

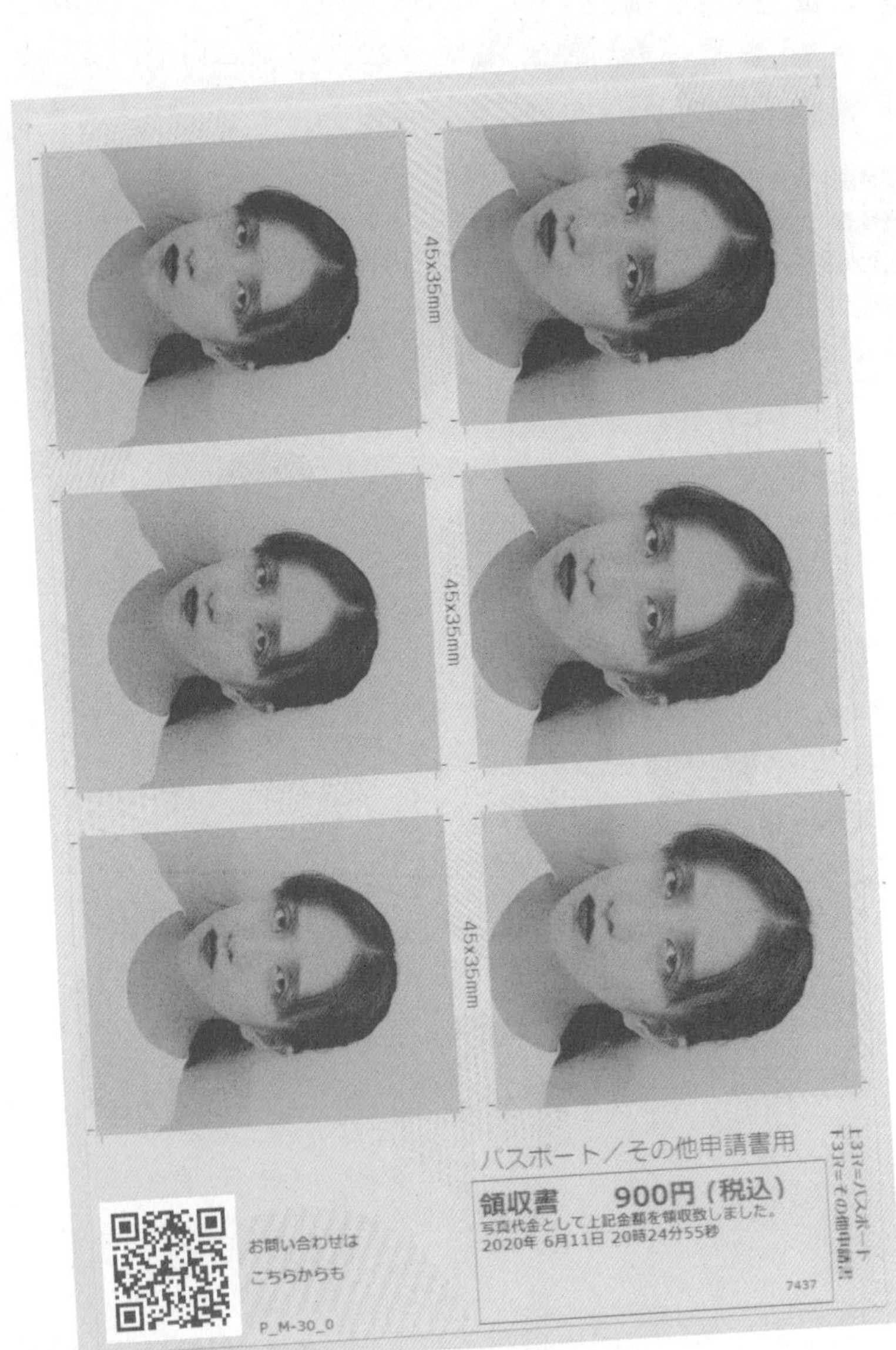
45x35mm
45x35mm
45x35mm
パスポート／その他申請書用
上3枚=パスポート
下3枚=その他申請書
領収書 900円（税込）
写真代金として上記金額を領収致しました。
2020年 6月11日 20時24分55秒
7437
お問い合わせは
こちらからも
P_M-30_0

第4章 女の子だから何？

「生理だるくない？」この話うちら2時間は語れるよね〜

春夏秋冬それぞれの季節に素敵なところがあるけれど、すべての季節に存在するいや〜な時間。暖かくても寒くても私たちをイライラさせてくるのはもちろんあいつ。生理です。ここのところ生理と仲が悪めだから、今回は仲直りのためにも生理と向き合ってみようと思います。

バレたくない生理

「血が出る以外何も起きない」と言っても過言ではなかった私の生理。痛みもなければイライラもないし、強いて言うなら眠いくらいかね？　まぁでも寝てる時以外いつも眠いしこの程度の眠気普通か？　そんなことを思うくらい、私は生理と仲がよかった。

だから、学生時代、同級生たちが「生理痛つらい〜〜」と言っているのを聞くと、その様がひどく大人っぽく見えて、なんだかちょっと羨ましいというか、私もその会話に交ざりたいというか……その一方で「痛い時に痛いと言わなくても痛みの量は変わらないのになんで自分が生理だってこと発表してるんだろう」という疑問もあった。

当時の私は自意識限界突破系の女だったから、「生理だってことがバレるのが恥ずかしい」「ナプキン買ったら、『あ、この人今生理なんだ』と思われるのが恥ずかしくて買えない」っていう一人羞恥心地獄にいたのだ。

その地獄にいるうちは、まぁナプキンなんて買えるわけないっすよ。駅前のマツキヨで、エロ本買うみたいに買ったナプキン。ナプキンの棚の前でどれにするのか選んでるのも恥ずかしいからほぼノールックで手にとってレジ持ってって開けてみたらこれおりものシートじゃねーか!! ナメんなよこっちは2日目じゃボケ!! ってこともよくありました。

とは言っても、当時の私は「男の子に生理だってバレるのが恥ずかしい」と思っていたわけではないのだ。女の子にだってバレたくなかった。

それは生理に限った話ではなくて、頭が痛いとか、熱があるとか、自分の体がバイブス低いってことを人に知られたくなかった。弱みを見せてるみたいでカッコ悪いなと思っていたのだ。まだ17歳とかなんで……カッコつけたかったんすよ……。

生理＝女の子あるある

そんな私が生理を世間に解禁したのは、おそらく23、24歳の頃だった。私の心は長いこと「モテたい」の気持ちでいっぱいで、口をひらけば「モテたい」、寝る前にふと「モテたい」、酒を飲めば大声で「モテた〜い」、そして遂に、モテたさの天井破りが起きたのだ。

「友達が欲しい」

モテたいの原点回帰だ。私は「普通に色んな人ととっても仲良しになりたい」という5歳の感情に戻った。人と仲良しになるためにはどうしたらいいんだろう？　と考えた時、動物由来のアイデア「ガンガンお腹見せる」が浮かんだ。

弱みを見せることは、相手に敵じゃないことを示す行為でどうのこうのみたいなことを、動物番組で見たことを思い出したのだ。

これだ。これは人間にも応用がきくぞ。先手必勝でガンガン人にお腹見せていこうぜ〜っと息巻いたけど、「お腹見せる（物理）」は人間界ではむしろ威嚇だしう〜む参ったな……生理？　あ、こういう時の生理なのでは？　しかも生理の話って、その時点で女の子あるあるだから絶対盛り上がるじゃん！　やばあたいは天才かよ〜。

嫌なこと全部生理のせいにしよ

こんな具合で私は生理の話を友達とするようになった。してみてわかったのは、めちゃくちゃ楽しいってこと。

タイプは違えど、みんな「月経」ていう働きに何かしらの文句はあるのだ。

私が一番楽しくてホッとしたのは、ある時、30代のお姉さんに「私、未だにパンツとかシーツとか汚しちゃうときあるんだけど、もっとお姉さんになれば汚さないでいられる？」と聞いた時だ。

そのお姉さんはべろべろの赤ら顔で「無理無理。30超えても血まみれだよ～全然うまくなんない」と笑っていて、私はそれを聞いてものすごくホッとした。

こんなに素敵なお姉さんでも、寝具血まみれにする夜はあるのだ。あ～めちゃくちゃ同じ人間感ある～～。

それともう一つ楽しかったのは、稽古で2ヶ月くらい一緒にいたお姉さんと、毎日「今日はなんかだるい」って話をしていたことだ。「生理前だからだるい～」から始まって「生理だからだるい～」「生理終わった反動でだるいわ～」「排卵前でだるい」「排卵でだるい感じがする」「生理前だからだるい」（以下無限ループ）。

「だるい」ってことをお互いに正当化しあう共犯関係ってのはめちゃくちゃ尊いものだった。これは、生き辛い毎日をサバイブしていくのにとても便利な息抜きなので皆さんもよかったらやってみてください。

そんな楽しい生理トークライフを送っている私の今一番ハマっていることは「なんでも

月のせいにする」っていう遊びで、どうやるかっていうと、なんでも月のせいにするのだ。

「あ～今日は満月だから……月の影響が強くてキチいな……」とか「今日は月の引力がすごくてだるい」「女性はね、月に敏感だから」とか、適当に月のせいにする。

月のせいにしてみると、不思議だけど自分の中で「まぁ、月のせいなら仕方ないか。なんせ月だもんな」って諦めがついたりするのだ。

体調の悪さを自分以外に責任転嫁することは思っているよりも大切な感じがするので、皆さんも是非、だるい時は月のせいにしてみてください。友達が体調悪そうな時に「それって、私ＰＭＳについて書くつもりだったのにいつの間にか月の話になってる～引力エ多分月だよ」と声かけするのもオススメです。

グ～！

次はこの続きで今度こそ、「ＰＭＳ～パニックめちゃおこシンドローム～」について書こうと思います。

「傷つけないと気が済まないの」

PMS地獄へようこそ

今回のテーマは決定しています。PMSです。我々女を無慈悲な暴君に変えてしまうあのPMSについて、今回は心ゆくまで愚痴らせて……。

この世の全てを破壊したい

PMSって知ってますか？　それは、月経が来る少し前に出る症状で、どうして起きるのかとかは専門の親切なサイトがたくさんあるからそっちで読んでみてほしいんですが、まぁ端的に言えば生理がくるちょい前に突然開会されて、生理が終わると瞬時に閉会される「**皆殺しゲーム**」です。

ゲームなんてポップな言い回しをしているけれど、実際はポップからは程遠い超ハードコアイベントで、なんかホルモンバランスがどうとか色々きちんとした理由は解説されるけど、そんなことは一文字も頭に入ってこない。ホルモンバランス？　うるせえ黙ってろってな具合にスマホをぶん投げてしまう。

本当は理論をきちんと理解すれば、ＰＭＳの症状が和らぐかもってことはわかってる。でも、きちんと理解？　そんで何かしらのケアを自分でしろと？

そんなことできるわけないのだ。

ＰＭＳ期間は常にマッドマックス怒りのデス・ロードだから、「カフェインを控えると症状が和らぐよ」とか言われるともう「**あ？　カフェインを取り上げようっていうのかよ。そうかよそんなら死ぬほどコーヒー飲んでやるよ樽でもってこいコラ!!**」と完全に逆をいってしまう。そして症状は悪化……地獄………。

私vs私vs私

家にいても仕事先にいても、怒りはとめどない。悲しみもとめどない。

仕事中は全神経を集中させて、感情を他人に向けないように気をつけるけれど、心の中までは抑えきれなくて、例えば撮影現場で音声さんが「ピンマイク、もう少し上につけてください」と極々普通のお願いをしてきただけでも、「せっかくつけたのになんでそんなこと言うの～私が死ねばいいの～（号泣）」みたいな気持ちになる。

でも、幸か不幸か完全にその気持ちに飲み込まれるわけではないので、頭の片隅では「いや、普通のお願いに何悲しくなってんの？　絶対それ表に出すなよ」って冷静な指令ももちろん受けていて、ＰＭＳの私と普段の私に板挟みになる私はすごく辛いのにその私を褒めてくれる私はいない。

ＰＭＳの私と、普段の私と、板挟みになる私。３人の私が頭の中でずっと、「一番辛いのは私だよ!!　私を褒めてよ!!」と私に訴えかけて来る。

それを受け止める４番目の私はただの私の肉体で、３人の私の気持ちを上手に表現できるはずなんてないから、結局動けなくなってしまうのだ。

ＰＭＳ名物の私の衝動として、街を歩いている時にセブンのコーヒーを飲んでいる人を見かけると、無条件にそれを奪ってぶん投げたくなる。というのがある。

理由は全く解明されていないけど、とにかく見ると奪って投げたくなって仕方がない。ＰＭＳの私は「**やれ！　やっちまえ!!**」と強く私に電気信号を送って来るけれど、普段の私も「あなたはそんな人じゃない」と懇々と訴えかけて来るから、おかげで私は今のところ、人様のセブンコーヒーをぶん投げずにやってこられている。

でも、これはあくまで「相手が他人だから」ブレーキがかかっている話で、自宅に帰ってしまうとさらなる地獄っていうか奈落が待っている。

矛先は一番大好きな人に

自宅には「絶対に私のことを好きな人間」である夫がいるのだ。

これはヤバイ。

私が私に優しくしてくれないとなると、矛先はもちろん「私のこと好きな人」に向かう。

帰宅すると「めちゃくちゃ落ち込んでいる人間が帰って来ましたよ～ほら～すごく疲れてるよ～」ってオーラを大量に放出してしまう。夫は優しいからすぐにそれに気付いて優しくしくしようとしてくれるのだけど、この時の私はとにかく逆をいきたい人間なので、その優しさの全てを否定してしまう。

「何かあったかいもの飲む？」と聞かれても、

「こんな暑いのに？　え、逆に暑い時にあったかいもの飲みたいと思う?!」

「ちょっと寝る？」

「ちょっと寝たら絶対もう起きないじゃん絶対寝ないから」

「なんかしたいことある？」

「私が何したいか想像してよ!!」

暴君……これはただの暴君……。ひどい台詞を口にしている時、頭の中ではずっと

「DANGER……DANGER……」って警報が鳴っていて、今すぐにやめろ、黙って優しさに甘えろって自分に言い聞かせるのに、どうしてもそれができないのだ。

そうこうしている間に、私も彼も疲れ切って、別々の場所に座る。

そのうち彼の寝息が聞こえてきて、ここからは無限の悲しみの時間スタート〜。

先に寝られたことが悲しいっていう身勝手な悲しみから始まって、今日自分がしてきた数々の暴挙が自分に返って来る。私はこの世で最もひどい人間だ。今度という今度はもう取り返しがつかないし、っていうかもはや、これはPMSとかじゃなくてもっと深刻な病気なんじゃない？

いや、病気ならまだいい。これがもし、病気とかじゃなくてただの性格だったらどうしよう。私、こんなひどい人間だったの？　手当たり次第に人を傷つけて、セブンコーヒーぶん投げたがる人間なんて、この世界にはいらないっしょ。いない方が平和っしょ。

アァ……私どうして生まれて来たんだろう……そういえば、今まで生きてきていいことなんて一つもなかったなあ……。

奈落の底で会いましょう

この辺りまで落ちるのなんて余裕。秒でここまで落ち込めてしまうのです。

でも、この落ち込みは偽物だ。

生きてきていいことはたくさんあったし、ものすごくいい人間ではないかもしれないけど、私は悪魔ではない。落ち込みも度がすぎるとさすがに底にぶつかって、さらに下へと掘り進める元気はないからその奈落の底でじっとしていることにする。

部屋の中で一人、ただじっと座っていることが、すごいことのように思えてくる。PMSの時は、静かにそこに座っていることが精一杯の最善だってことに気付く。

じっと座りながら、インターネットで「PMS　辛い」と検索する。

色んな人が自分の辛さを書きなぐっていて、それを読むと不思議と気持ちが落ち着いてくる。

だって、私だけがPMSで頭のおかしい最悪の人間になっているわけじゃないってことがわかるから。同じような気持ちになっている女性は今この瞬間にもたくさんいて、みんなそれぞれの奈落の底でじっと自分を諌めていると思うと、すごく安心する。

このコラムが、私みたいなあなたに届きますように。

「脱・可愛い宣言」

「カワイイ」が日本のカルチャーになってもうずいぶん経つ。個人的には正直飽きて、カタカナで書かれた「カワイイ」を見るとちょっとげんなりするっていうか、ちょっと古くない？　って思ってしまうのだけど、一応今でも「カワイイ」は存在するらしい。

一方、漢字の方の「可愛い」はカルチャーっていうかもはや私たちの生活になってきていて、こっちにはもう飽きるとか古いとかの概念すらない迫力がある。で、私はまた……嫌な人間なので、この、生活にまで浸食してきた「可愛い」に正直疲れております……。

「そのままで可愛いよ」とか「今日も可愛く過ごそう」みたいなことを言われると、**「え〜自分正直可愛くなくてもいいんだが〜可愛いってことにしないとダメ〜？　可愛い必要とするの義務すか〜？」**って屁理屈がもう止まりません!!

ごめん!!　私、可愛いに興味ないんだわ！　だけど昨今の世の中には可愛い原理主義の空気を感じるのでとても過ごし方が難しい。

それは別に、大仰な審査があっての可愛いとかではなくって「あなたが可愛いと思えばあなたは可愛い」のような、ある種の宗教的な存在感。

「いや、私は可愛いとかじゃないんで……」なんて口にしようものなら、

「何言ってるの！　可愛いよ！　あなたは可愛い!!」

ってものすごい勢いで励ましてくれるから、まあいいか……善意だし受け取るか……でも私、そもそも可愛いを目指してないんで……。

「女の子はみんな、可愛くなりたいでしょ！」

……あぁ……じゃあえっと……私女の子じゃないです！　はい！　すいませんでした!!

「可愛くなりたい」の義務化

こういう居心地の悪さを感じたことない？　あるって言ってほしいです。

私は、可愛くなりたい女の子たちを否定したいわけじゃない。私だってたぶん、いつかのコラムでは「みんな可愛い」とか書いてるし、「可愛くなりたい」とか言ったこともある。でも、そもそも「みんながみんな可愛くなることを目指してる」って前提の暴力性に気付けていなかった。全員が可愛いを理想に掲げているわけない。

事実私も、正直そんなに「可愛い」に興味がない側の人間なのだ。だけど不思議と「可愛くなりたいと思っているはず」っていう自分への思い込みみたいなものがあった。それ

はきっと、さっき挙げた「可愛い教」の影響で、あまりにも世の中にその宗教が浸透しているから、私もその一員な気がしてしまっていたのだ。仏様を信じていなくても、仏壇に手を合わせるのと同じように。

誰かみたいに可愛い

「可愛いよ!!」の一言が、どうして私にとってストレスになるんだろう。それはたぶん、「可愛い」の定義が統一されつつある気配や、同じものに憧れてそこに向かって進んでいく人々の熱量なんかが影響している。

これは偏見かもしれないけれど、私は、いわゆる「可愛い」って言葉を聞くと、カラーコンタクトとか涙袋、形のいい唇や華奢な手首なんかを連想する。そして、みんなが同じ形を欲しがって、少しでも白石麻衣や橋本環奈などの「可愛い教教祖」に近づこうとする気迫を感じてしまう。

これが私は怖いのだ。もっと自由に可愛い世界だったら、私だってこんなこと思わなかった。でも、何故か世界は「誰かみたい」であることが「可愛い」ことになっている。そういう空気が少しある。

私はその世界に住むよりも、可愛くない世界で「私みたい」に生きていたいのだ。

そうは言っても、何かを目指して努力するのはとても簡単だしやりがいもあるのに対して、何も目指さずに努力することはめちゃくちゃ難しい。何すればいいかとかも皆目見当つかないもんね。

そこで！　私のように「ちょっと可愛いを目指すとかはしっくりこないけど、でもなんか、今よりいい感じ？　イケてる感じ？　にはなりたい」という人におすすめの考え方を披露します。価値観の柱を「珍しさ」にするのです！

珍しいことって美しくて、美しいものは可愛い。この方程式を頭に叩き込むと、たちまち世界は自分の手の中に返ってくる。珍しさの良いところはまず、誰にでもほとんど平等に与えられているところ。全く同じ顔体の人間はほぼほぼ存在していないらしいし、いたとしても遭遇しないまま人生が終わる可能性が高い。目の形も胸の形も、肘の尖り方だってみんな違う。つまり全員珍しい。それから珍しさは、多数決をとるのが難しいっていうとても優しい特徴がある。「どっちが可愛いと思う？」という質問に比べて「どっちが珍しいと思う？」って質問の登場回数はとても少ない。

しかも、何を珍しいと感じるかってのはその人その人の経験によるもので、経験は全員違うから束ねるのが難しいのだ。束ねられるの苦手党の人間として、こんなにありがたいことはない。

私みたいに可愛い

私の首筋は、ちょっと奇妙なほどに筋張っている。鳥かな？　と思うほどに2本の筋肉が出っ張っている。それは私の経験上珍しい首筋で、だから美しい。本当は、ガタガタだった歯並びもあんまり直したいとは思えなかった。

だって、私オリジナルの歯並びの悪さは珍しくて、美しいはずだから。だけど、それはどうにも多数決社会では受け入れにくいことみたいで、結局私は歯列矯正をした。それでも、最後の悪あがきとして「完璧な歯並びとかいらないので、なんとなく並べてください。前歯はちょっと出てるままでお願いします」と歯医者さんにお願いした。歯医者さんはちょっとびっくりしていたけれど、その後にっこり笑って「あなたには、ちょっと出てる前歯が似合うもんね。そうしましょう」と言ってくれた。あぁなんて素晴らしい歯医者……。

おかげで私の前歯は今でもちょっぴり前に出たまま。エゴサすると「歯並びちゃんと治ってなくない？」なんて言葉がヒットするけれど、おあいにくさま。これが私の美しさなのだ。

って、あれ？　脱可愛いを目指そうと思ったのに、結局新しい可愛さを目指すみたいな話になっちゃった。可愛いの引力恐るべしである。

胸って別に膝

自分の持つ体への不満を持ったことがある。たぶん全員ある。

私の場合は「背低かったらなあ」から始まって「もうちょっと胸が大きかったらなあ」「口もうちょい大きい方がいいな」とか、まあ日によって色んな不平不満が生まれてくる。こればっかりはどうしようもないから、与えられた手札の中で自分なりのロイヤルストレートフラッシュを模索しているんだけど、手札取っ替えという策に出る人もいる。整形だ。

私は整形をしたことがないから、その実情を詳しく知らない。友達が顔を整形しても「お、いいじゃん似合ってる〜」くらいの反応しか取れないし、たぶんあんまり興味がないんだと思う。

でも、整形の箇所についてはとても興味があります！　あのさ、整形ってか身体いじる系のオペってさ、ほぼ顔と胸じゃない？　脂肪吸引とかはあるけどあれは元々持ってる特性じゃない場合もあるからまたちょっと話違うじゃん。「元々の手札では揃わないタイプの可愛さ手に入れる系オペ」って、顔と胸じゃない？　え、なんで？

なんでおっぱいは特別？

顔と胸は、肉体だ。肉体は別にこの二つだけじゃなくて、他にも肘とか、足の指とか色々ある。それなのに……どうして顔と胸ばっかり整形するんだろう？

顔の方はまあわかる。なんか名刺的な役割が顔にはありますからね。人の名前を掌と紐づけて覚えている人はたぶんいない。基本みんな名前を聞いたら顔を思い浮かべるから。だからその、自分にとっての表紙の部分を自分好みにしたいって考えるのはとてもわかりやすい。

じゃあ胸は？　何故ここで胸だけがしゃしゃり出てこれたんだ？　これにはたぶん、肩甲骨とかもご立腹。「胸ありなら肩甲骨のことも考えようぜ！」って日々叫んでるはずだ。

そんな馬鹿な話は置いといて、胸はどうして私たちにとってこんなにも重要視されているんだろう。

それはやっぱり、性的なことが関係するんだろうか。顔が社会での名刺的役割なのに対して、おっぱいもセックスの時の重要なスパイスになっていって、その結果おっぱいにも顔と同じくらい「可愛い」的な価値観が浸食していったんだろうか。肩甲骨には可愛いとかってあんまないもんね。鏡で見辛いし。

でもさ、それでいったら女性器だってもっと整形流行りそうじゃない？　セックスの時の最重要部位って結局は女性器でしょ？　なんでおっぱいだけ……どうしてこんなにも特別扱いされてるの？

街を埋め尽くすおっぱい

自分の胸の膨らみが気になり出したのは、中学生くらいの時だった。

「年取ればデカくなる」となんの疑いもなく思っていたけれど、ある時ふと思ったのだ。「これ、このままの可能性あるぞ？」このままだったら何が悪いんだよって今の私は思えるけど、当時の私は「胸が大きい＝大人の女＝ハン・ソロと結婚」と考えていたから死活問題でした。

つまり、胸が大きい方が好きな人と結婚しやすいって考えていたわけだ。これをさらに別の、一番キツイ言葉に言い換えてみると「胸は好きな男の子のためにある」とも言える。

あぁ、自分で書いているのにとてもしんどい。だけど目を逸らしてはいけない気がするから絞り書く。何の疑いもなく、胸は男の子に好かれるための最重要ポイントで、ただそれだけの部位だった時期が、私にはある。いやマジでどんだけモテたかったんだよって引くけど、これはたぶんモテたいモテたくないとかじゃなくて、知らず知らずのうちにそういうものだって刷り込まれていたのだ。

コンビニに行けばおっぱいが表紙の少年誌が並んでいるし、テレビを付ければおっぱいを褒められるために来たみたいな薄着の女性タレントが男性タレントに絡まれている。クラスの男の子たちも「おっぱい！　おっぱい！」って祭りみたいになってる時あるし、ティーン向けのファッション誌にも「第2ボタンまで開けて色気アピール☆☆」ってあったんだもん。どこ見てもおっぱいだったんだもん。そりゃ、おっぱいが他の部位よりランク上にくるし、おっぱいが大きい方が誰かに好きになってもらいやすいって、思っちゃうよ。

だけど、誰を責めたいわけでもない。おっぱい祭りを開催していた某男の子が悪いと、私はどうにも思えないし、豊かな胸を仕事にすることだって素晴らしいことだ。

でも、唯一嫌だなと思うのは、自分の胸が、自分のためより先に、誰かのためにある気がしてしまうことだ。そのせいで自分の胸を愛せないことだ。

当たり前をキャッチコピーにするのはやめて

胸は自分のものだ、みたいな高らかなキャッチコピーを唱えるつもりはない。だってそれは、雨が降ると濡れるって言ってるのと同じくらい当たり前のことだから。

だけど、この当たり前の感覚が、身体の中で胸にだけあんまり根付いていないように思うのは私だけ？

そりゃ大人になったら根付くかもしれないけれど、大人と子供の狭間の時から、胸は自分のものだって感覚ちゃんとあった？　私にはなかった。これは別に悲劇ではなくて事実。

それが、なーんかちょっと嫌なのだ。「膝は自分のものだ」って言われても「え？　うん。そうだよどした？」ってなるのに「胸は自分のものだ」って言われると「……うん。そうだね」って、ちょっと噛みしめちゃうところが嫌だ。

胸だけ特別扱いしてるのが嫌だ。他の部位に悪い。

だから、私は今ここで高らかに宣言します。胸は膝です。そしてもう一つ、ついでに宣言します。膝はツムジです。ってことは、ツムジは胸です。

そして、全部私のもの。言われなくてもわかる、ごくごく当たり前のこと。「胸って膝だよね」って言ったら「え？　うん。そうだよどした？」って帰ってくる日が来ますように。

PHOTO
写メ日記
DIARY

じぃじに電話したら「昼は毎日同じものを食べている」って言うから、何を食べてるのか聞いてみた。軽く焼いた食パンに、ピーナッツバターを塗って、ハムを乗せ、とろろ昆布を乗せ、蜂蜜をかけ、千切りサラダを乗せ、ポン酢をかけ、オリーブオイルを少し垂らしたものを食べているらしい 情報量がエグい。正直あまりにも盛り盛りなレシピにちょっと引いた でも、毎日食べれるってことは美味しいのかなと思って作ってみた。恐る恐る食べたら、え~超美味しいんですけど~ 天才かよ~~~~

2020/06/05　コメント（0）

近所のスーパーでワインが３本セットになっていて、つい買ってしまった=3 でも、ワインを３本も置く場所がないから素早く飲み干さなきゃいけない。こういう時に限ってあんまり飲めない やっと１本飲み終わって、残り２本、どこに置いておこうか迷う。お風呂場のシャンプーと並べたら風呂入ってる時にすぐ飲めるし、おしゃれかもと思って並べてみた ワインがお上りさんに見えて全くおしゃれじゃない。それに凄い危ない すぐリビングに戻した。

2020/06/02　コメント（0）

この本の撮影に使う小道具の本を選んだ📖10冊くらい持っていかないといけなくて、家にある本の中から10冊選んだんだけどオーディション超難航した　せっかくなら、かなり色濃く私を作った本とか、自分らしい本を持っていきたいなと思ったけどそんなん全部そうだからな　最終的にはサイズ感と勘で決めた。落選した本たちごめんね

2020/06/11　コメント（0）

昔読んだ本に「誕生日だけは、ベッドで朝食を食べることが許される。ママがベッドまで朝食を運んできてくれて、優雅に食べる」みたいなシーンがあって、もうどうしてもそれを体験してみたくて亀島くんにお願いした　次の日の朝「みじかちゃん～おはよう～☀」と声をかけられて目覚めると、これよ　イチゴがあるってのが童話味をブチ上げていて最高💕まぢ感謝エターナル💕💕

2020/06/06　コメント（0）

目覚ましを止めるときにスクショしちゃうってあるあるだよな。結婚式の日に腰紐を持ってくのを忘れそうで、アラームのタイトルを付けた。でも今はもう消し方がわからない😭 永遠に腰紐をもったか問うてくるアラーム💣 鬱陶しいけど許してやるか……。

2020/06/16　コメント（0）

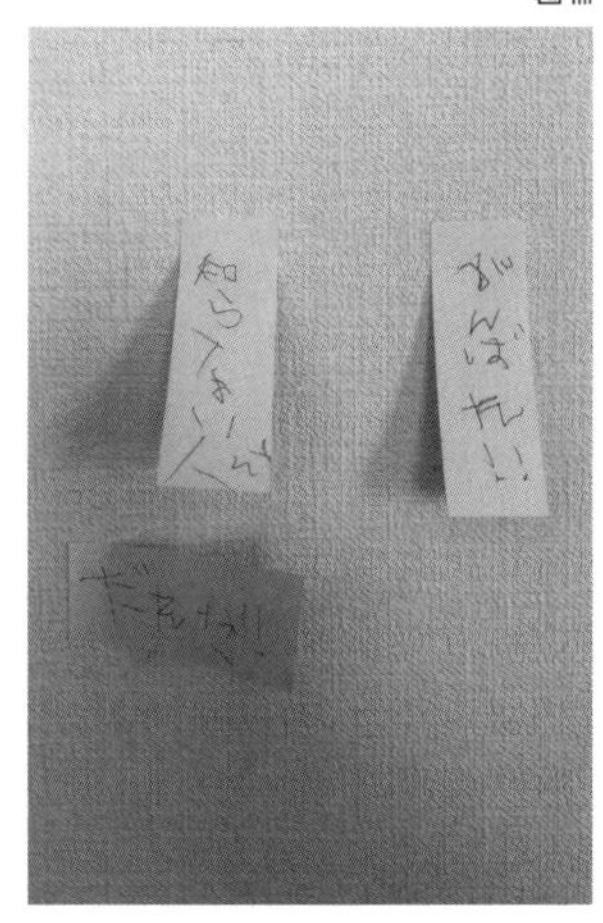

楽屋で、人の鏡前に勝手に付箋を貼る趣味があるんだけど、こんな趣味いつから出来上がっちゃったんだろう😵 ポイントは、字を左手で書くこと💡 そうすると、マジで誰が書いたかわからなくて、貼られた人が困りやすい。みんな私のこういう無駄な行為に怒らないでくれて優しい。これからも、積極的に付箋を貼って行きたい😂

2020/06/13　コメント（0）

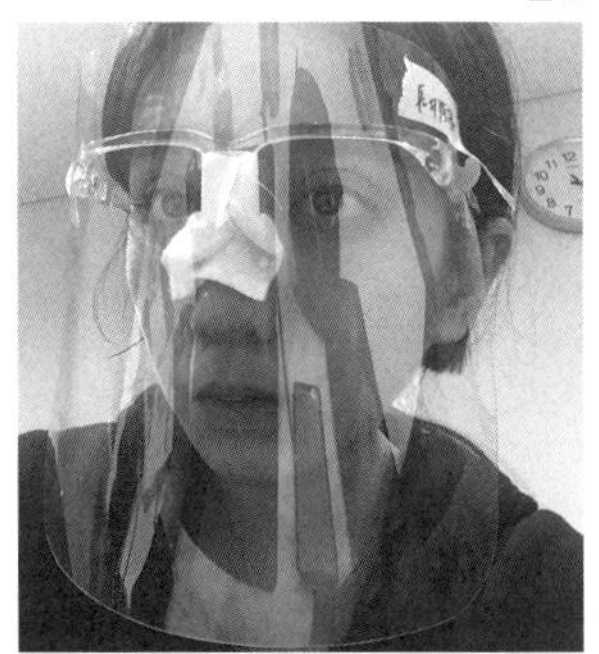

久々に仕事に行ったら、ついに今流行りのフェイスシールドをつけさせてもらえた 色んな芸能人たちがSNSにこれをつけた写真をアップしていて、それを見る度に「あ、仕事あるんだ……」と思ってた。これをつける＝売れてるってことになり始めてるのでは？　だから私も早速写真を撮ったけど、鼻のとこのガーゼ取るの忘れて思ってたのと違う

2020/06/18　コメント（0）

トマトって、ただ切るだけでとても可愛いから存在として凄い。それを伝えたいと思って、写メ撮ったけど全然トマトの魅力を収められなかった トマトに申し訳ない ←これはリンゴか。亀島くんが連日暑い暑いと大騒ぎしていてうるさいけど、トマトを食べると落ち着く。母乳かよ。

2020/06/18　コメント（0）

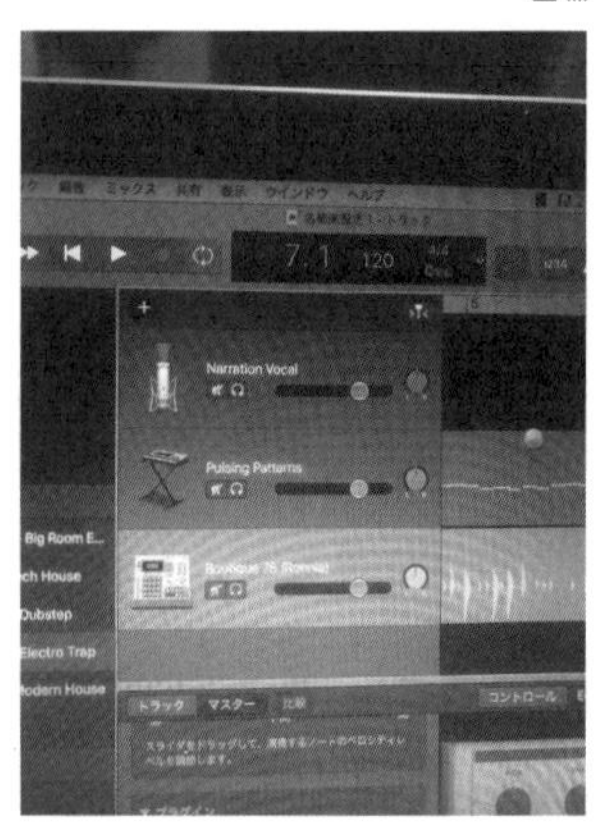

自粛中は毎日のように音楽を作ってたのに、ちょっと仕事が始まるともう全く作れなくなった やっぱり、暇ってマジで尊い 暇が全てを生む だから、人間はもっと暇になるべきだよ。みんな忙しすぎるから、最近は新しい星座も生まれていない「それは新しい星が見つかってないからだよ‼」って現実的なことを言ってくる人もいるだろうけど、違うんだよ。そうじゃないの。新しい星があるとかないとかじゃなくて、私たちは忙しすぎて星座を作れなくなったの。星座を作れる世界になりますように

2020/06/27　コメント（0）

この本のために亀島くんと写真を撮る日。凄い真剣に画角を決めてくれる姿はプロみたいだったけど言ったら「プロ舐めんな」って怒られそうだから言わない=3 友達に写真を撮ってもらうのも照れくさいのに、夫だともっと照れくさい 仕事の撮影の時は恥ずかしがってはにかんだりしないから、貴重なハニカミ写真が撮れていますように。

2020/06/20　コメント（0）

第5章

私の、私による、私のための

ねえ、私たちいつまでひとりぼっちを気取っていくの？

環境が変わる時ってすごくドキドキする。

そのドキドキは、期待に胸を膨らませるって表現されることが多いけれど、実際にそんなハッピーな状態になれることは少ない。ほとんどの場合は「馴染めなかったらどうしよう」っていう不安で胸がペシャンコになっている。どうしてだろう。

そんなわけで今日は、いつもより少しセンチメンタルな、私とスクールカーストの話。お付き合いください。

第5章まで辿り着いてくれた皆さんは薄々感づいていると思いますが、私、学生時代イケてませんでした。

とはいっても、バキバキに苛められているとかじゃないし、っていうか無視とかもされてないし、ほんと、全然普通の学生時代だったんです。ただ、その普通さが、自分はこの学校のどのカーストにも所属できていない、私ってきっと圏外だって現実を突きつけてきて、いつもクヨクヨしていたのを覚えています。

こういう人って、実はとっても多いんじゃないかな。

イケてもなければ、ド派手に浮いているわけでもない。どちらにもキャラ振り切れない私たちって、大人になっても学生時代のこと、大したエピソードトークもできないし、きっとクラスメイトもまず一番に私から忘れていくんじゃない？　そんな悲しみに今でも挫けそうになるけれど、まぁでも、その頃の陰鬱さによって今の自分が形成されて、お仕事をいただけていると思うと全然いい学生生活だったなって思えるんですけどね。トラウマを呼び起こすのはいつでも本当に突然の出来事です。

実感の呪い

この間、某お仕事で久しぶりに制服を着ました。教室のセットにはざっと30人くらいの男女がお揃いの制服を着て、指定された座席に座っていたんです。私の席は一番後ろ。教室の中には30人くらいいるけど、その中でメインキャストは数人で、ほとんどはエキストラの皆さんでした。

別にどっちがどうってことじゃないけど、ごくシンプルに、この教室の中での待遇は、私達数人の方がよかった。みんな優しくていい人達で、楽しく仕事をしていた。

でも、待ち時間になって私はぼーっとしていて、ふと周りを見回すと、私以外全員、スタッフさんも含め40人はいるその教室の中で、全員が、誰かとおしゃべりをしていました。

うわー！　これ知ってるやつだ‼　何度も見たことある‼

この場合の逃げ道も知ってる。寝たふりだ。今すぐ机に突っ伏して寝たふりすれば、「一人だけ喋れてない子」から「寝ちゃってる子」になれる。寝ちゃってる子の方が淋しくない。

でもそんなことできないのよね。だってここは本物の学校じゃないし、私は仕事をしに来てるんだから。数年前一番後ろの席から眺め続けたクラスメイト達のざわめきを、今ここでまた目にすることになるなんて……人生まじ気を抜けない。

環境が変わって待遇が変われば、偉くなったり人気者になったりしたら、カーストなんて気にならなくなるのかなと思っていたけど、どうやら全然そんなことない。勘違いしていました。待遇とカーストって、何も関係なかった。

どんなに客観的に見たときの待遇が素晴らしくても、主観で見て実感してしまったカーストが低かったら、自分を肯定できないまま。

だってあの時あの教室で、友達がいないのはきっと私だけだったから。いやいや、そもそも仕事中で全員仕事をしているだけなんだけど今そういうことじゃないの。

あの子の気持ちはあの子だけのもの

どうしたら自分を肯定できるんだろう。自信が持てるんだろう。

これじゃあどんなに偉くなっても人気者になっても変わらず淋しいだけじゃん！　私だけいつまでもずっと圏外なの？　圏外はもうやだ。電波が届いてほしい。お願いだから。そういえば圏外かどうかって、自分で携帯を手にしてみないとわからないことだ。携帯に電波が入っているか、他人からは全然わからない。

あ、これだ！　これこれこれこれこれが打開策！

雲の上にたたずんでいたかわいくて人気者のあの子に、電波が届いていたかを私は知らない。端から見たらいつでも4Gバリ4でも、もしかして本当は圏外だったかもしれない。あの子が4Gバリ4ガールだって、決めつけたのは私たちで、もしかして圏外で一人ぼっちで孤独かもしれないって想像することができなかった。なのに「私だけいつも圏外なの淋しいよ〜」って嘆くなんて、私は赤ちゃんか。

見てる景色と見えてる景色は違うってことを、どうして覚えておけないんだろう。客観視したあの子の姿を、あの子の主観に押し付けるなんて、そんなに息苦しいことはない。

私もあいつもダルい春

新しい年度が始まって、新しい人達と出会うと、今まで通りに自分を肯定できない瞬間が何度も襲ってくると思います。何もうまくいかない気がしてきて、そのすぐ隣であの子は何もかもうまくいっている風で。それって本当につらいけれど、そんな時は少しだけ想像してみてください。いつでもどこでも4Gバリ4の携帯なんて存在しないように、何もかもうまくいっている人なんていないんです。

こっちから見たら最高の待遇でみんなからもてはやされて見えていたとしても、あっちから見たら全然そんなことじゃ自分を認めてあげられなくて孤独かもしれません。もっと性格の悪い言い方をすると、なんかイケて見えるあの子だって本当は全然イケてないしひとりぼっちだよ。私たちと同じように。

だから、4月ってなんかダルいけど人類全員ダルがってるし、ダルいついでに今までなんとなく苦手に思えて避けてきたタイプのあの娘と酒でも飲みに行ってみたらどうでしょうか？　ダルいけどね。でもそうすればとりあえず、ダルがりながらそれをやってるうちに気付けば夏がくるはずです。あ、その前に梅雨か。ダルいことってすぐ起きるね……。

ねえ、私たちの自己肯定感は自分で自分のために生み出そうよ

私のルーティーンには「モテて〜ってぼんやりする」という虚無みたいな時間があるんですが、いつも通り天井を見ながら「あ〜風呂入らなくてもモテねーかな」と考えている時、ある疑問が浮かび上がりました。

「なんでモテたいんだっけ？　っていうか、私って本当にモテたいと思ってる？」

この……全てを覆す疑問……なんだったんだ今までのコラム……とはいえ浮かんでしまったものは仕方ないので、今回はこのどでかい疑問に立ち向かっていくよ！

モテたいっていうか認められたい

私はここ何年か、呼吸するように「モテたい」と呟いてきました。

そもそも「モテる」とはどういうことなのか。グーグルに「モテる　意味」と問いかけたところ、答えは「異性などから大いに好かれ、人気があること」ということでした。

ほほう。確かに、これはいいいな。大いに好かれたいものです。

でもどうなんでしょう。もし、モテたいという願望が叶って、大いに好かれたら。毎日毎日たくさんの人に告白されて、色んな人に優しくしてもらえるのかもしれない。でもその一方で、私に告白してくれた人に片思いしている人を悲しませることにもなりますよね。その悲しみが集合すれば怒りに変わって憎悪になって、きっと友達は減ってしまう。

え、待って待って嫌なんだけど！　別にそこまでモテたくはないわ。じゃあモテたいってどういうこと？「自分の好きな人に好かれたい」こととは少し違う気もします。結局「モテたい」ってのは「自己肯定感が欲しい」ってことと同義なんじゃないでしょうか。

人にちやほやされたら、気持ちいいもんね。なんか、ちょっと自分に自信も持てる。でも、ですよ。自己肯定感得るの、そこで大丈夫か？　と思うわけです。異性からの曖昧な評価に、独特の価値基準に、自己肯定感任せて大丈夫？　私はこれ、大丈夫じゃないんじゃないかと思い始めました。

煙に巻かれる本当のこと

可愛くて明るい子がモテると仮定しましょう。そこには女3男3の男女6人グループがいます。

A子は容姿がすごく整っていて、B子とC子は普通に可愛い。そして3人とも明るく楽しい女の子です。この場合、仮定の条件に最も適しているのはA子ですよね。ただし、ここに細かな性格を付け足します。B子とC子は勝気で、A子は弱気なのです。

そうなると、恐らくこの男女グループの中でA子はいじられ役になっていき、B子とC子はその間に「A子に比べてイケてる女の子」の役についていきます。

本人たちも気付かないうちに決定されるこの配役の結果、男の子たちは思うのではないでしょうか。

「A子は見た目はいいけど、あいつはな〜んかなしかも」

社会はマジ恐ろしいもので、本来の、本当の価値基準なんてすぐにどこかに飛ばされてしまいます。

「本当にかわいい」ことよりも「あいつのことはちょっと雑に扱ってもいい」という集団の空気の方が勝ってしまうのです。

A子が女の子たちにめちゃめちゃいじられている様子を見て、男の子達が「なんか、A子かわいいけどA子を好きになるってのはちょっとないな。なんかそれはやめておきたいな」と思ってしまうのも仕方なかったりするのです。

もちろんこれは男女を逆にしても全く同じことが言えて、要するに、私たちなんてそんなもんなんだな。

だからこそ、「本当の目で見て、自分の本当の気持ちが何かをきちんと理解すること」はとっても大切で、できれば、周りの空気なんかに流されずに自分が良いと思ったことを良いと思いたい。

今私が抱えている気持ちは、社会の影響を受けて思わされていることじゃなくて、本当に私の中からひとりでに立ち上がってきたものだと信じたい。誰だってそうやって生きていきたい。

でも、それが簡単じゃないことは大人になるまでの間で痛いほど経験してきましたよね。あ〜情けない。

私の、私による、私のための自己肯定

そんな情けない私たちがちょっとでも情けなくなくなるためには、きっとしっかりとした自信が必要で、自信を持つためには自己肯定感が必要なはず。自己肯定感めちゃ大事。そのめちゃ大事な部分を、自分と同じように、空気に負けちゃいそうになってる人からの、モテ目線での評価に委ねるって、ちょっと危なくない？

いや、絶対危ないよ！　何かいい方法はないの？　ねぇ！

そこで、毎日生活していて、自分がちょっと気持ちよくなる、ホクホク嬉しくなる瞬間を探してみました。

私が最近ホクホクした瞬間は、

・改札で、切符をIC読み取りに擦り付けている外国人に、「それは無理やで」と伝えた時

・お肉屋さんで「角煮を作りたいんですがどれを買えばいいですか」と聞いて、お肉屋さんが優しく教えてくれた時

こんな感じでした。ん～なんだこれ！　どういうメカニズムなんだ。「知らない人に親切にしたりされたりすること」が、どうやら私のホクホクに影響力がありそう。

ってことは、私の自己肯定感を高めてくれるのは知らない人ってこと？　え、知らない人って誰……知らないんだけど……って思ったけど、確かに知らない人ってのはよさそう。

だって、「知らない」から、私が集団の中でどんな立ち位置かとかも当然知らないし、そういう先入観なく、ただそこで突発的に起きたコミュニケーションだもんね。

そこで相手にありがとうって言ってもらえたり、親切にしてもらえたら、こりゃ確かに自分のこと好きになれそう！

そんなわけで、私はたった今「私の新しい自己肯定感の感じ方」を発見できました！　このコラムのおかげ！　ありがとう！

皆さんも是非、「私のホクホクはどんな時に起きたかな」ってところから、新しい自己肯定感を発見してみてください。そうやって、私たちはきちんと、本当の目で世界を見れる大人になっていきましょう。

「あいつらおしゃれで羨ましいな」

それでも自分の「好き」を大切にしたい

つい何日か前、久しぶりにたくさんの初対面の人たちとの飲み会に参加した。いつも通り過剰にドキドキしながら席に座ったけれど、拍子抜けするくらい、そこにいる人たちはいい人だった。私よりも少し年上で、優しい大人たち。色んな職種の人がいて、年齢もちょっとずつ違って、出身も違う。既婚者もいれば独身の人もいて、それぞれ違う話し方もする。

ただ、一つだけ共通することがあった。おしゃれなのだ。揃いも揃って、とにかくめちゃくちゃおしゃれ。

プロフィールごとおしゃれな人間たち

そのことに気がついたのは飲み会が始まって1時間を過ぎた頃。もちろん最初から、素敵な服を着ているな～とか、いいメガネだな～とか思ってたけど、その次元ではない。この人たちは、たぶん頭の中からおしゃれだ。雷が落ちた。

おしゃれ、おしゃれ、おしゃれ……。

こいつらおしゃれだと気付いてから、もう一度一人一人をよく観察してみた。

職業は……編集者、プレス、スタイリスト。はいおしゃれ。それはもうおしゃれ。

お住まいは……三軒茶屋、中目黒、祐天寺、はい、おしゃれ。それももうおしゃれ。

話し方は……「あ～そういうこともあるっスよね！」

スよね?! スの後に2文字?!

そんなんもう逆に超おしゃれ。あ～なんだこれ、めちゃくちゃおしゃれじゃねーか。

どうなってんだよこの焼き鳥屋。

そうは言ってもだ。私だって負けてないはずだ。冷静になれ。私にだっておしゃれ要素はきっとある。なんせ私は演劇モデル。演劇モデルという私が生み出した謎の肩書きはダサいけど、私はモデルで女優なのだ。

どうだ！ 今！ はっきりと言ったぞ！ 私は女優兼モデルです！ オールナイトニッポン0のパーソナリティーもやってました！ コラムも書いてます！ どうだ！ おしゃれだろ!! カルチャーだろ!!

「お前の鼻はバスキアだわ。で、お前のはウォーホル」

↓みんな爆笑

うわあああああああ!!!!!!

なんだそのユーモア!!　やめてくれ!!　バスキアとウォーホルの鼻?　そんなもんすぐ頭に浮かぶ?　浮かばねーよ!!

人の鼻を見て、バスキアやウォーホルの鼻に似てるなんて、今まで生きて来て一度も思ったことがない。そもそもバスキアとウォーホルの顔だっておぼろげだ。

言われてみれば、なんかデカい鼻してたっけ?　私は、バスキアとウォーホルの顔を記憶しない人生を送って来たのだ。

記憶する人生と、記憶しない人生、どっちがおしゃれだろう。答えはもちろん前者だ。バスキアとウォーホルの顔を覚えている人間の方がおしゃれに決まっている。ならば二人の顔を覚えたいと思う。ついでにキース・ヘリングの顔も覚えておいた方がいいだろうか?

でも、今となってはそんなことなんの意味もない。それがおしゃれだと知ってからやることなんて、もうダサい。おしゃれの足は早いのだ。しかも鮮度が命。

扱いづらいな!　そんな扱いづらいもんを、この人たちはいともたやすく調理している。しかも仕上げに、スプーン一杯のユーモアまでふりかけて。どうなってんじゃ!

出身は兵庫だという。兵庫には、そういう教育があるんですか?　言っとくけどこっ

ちは東京生まれ東京育ち、生粋のシティ（郊外）ガールよ？　なのになに？　なんなの
あんたたち？

「いい」生活への途方も無い憧れ

そこにいる誰もが、私よりもいい人生を送っている気がした。
今ここに休日があったなら、私は前日の夜から深酒キメまくって、夕方起きて迎え酒
してテレビゲームするだけだ。
でもきっとあの人たちは、いつもより少しだけ身支度に時間をかけて、美術館に出か
けるだろう。気になっていた喫茶店に行くかもしれない。
どこかは知らないけれど、少なくとも私よりも「いい」場所に出かけるのだ。私より
も「いい」服を着て。そしていい休日を過ごし、いい眠りにつく。次の日、休日の土産
話を持って仕事に出かける。
最高の人生だ。お前ら！　最高だぜ！　うぉ〜!!
クラッシュに質問したらなんと答えるだろう。「どうしたらおしゃれな人生を歩めま
すか？」あの１５０歳の亀はどんな答えをくれるんだろう。「海藻を首に巻いてみたら
どうだ？」とでも言うんだろうか。

ほんならちょっと、巻いてみましょかっと思うけれどやめる。私は首に海藻を巻きたくない。ならば巻く必要もない。それだけのことだ。

好きを信じたい

私は5万円の白いコートを買わない。白はすぐ汚しちゃいそうだし、いくらなんでも5万円はまだ早いかなって思うから。

代わりに私は千円の赤いコートを買う。クリスマスみたいでかわいいし、千円なら使ってもいいかなって思うから。

私はカラーコンタクトをしない。自分の黒目が小さいことは少し気になるけど、かといって黒目が大きいことは私の琴線に触れないから。

私は口紅を引く。赤でも紫でも茶色でも、自分の口に色がついているのはなんとなくワクワクするから。

おしゃれなのはどう考えても白いコートだ。モテるのはカラーコンタクトで、茶色の口紅を引いた日はいつだって人に驚かれる。

でも、だとしても私は赤いコートがいいし、何回驚かれても茶色の口紅を引く。

好きだから。好きの方が必要だ。好きなものに囲まれた生活は、傍目にいい生活と言えなくたって、豊かだ。

ダサい私を愛すること

おしゃれに翻弄されて、必要のないものに生活を乗っ取られたらバカみたいだってことを、私はすぐに忘れそうになる。形だけではダメなのだ。形だけのおしゃれほど虚しい気持ちになるものはないんだから。

おしゃれ雑誌のおしゃれ部屋特集に絶対に参加できない自分の家を見渡して、私はとても安心する。散らかった部屋の中には私に必要なものがぎゅうぎゅうに詰まっていて、この部屋が好きだなと思う。

この部屋を作ったダサい私自身のことも、このコラムを書き出した時より、好きだなと思う。

「悲しいのに笑うのそろそろやめたい」

私は私が守りぬこうよ

時間があるといくらでも余計なことを考えられるので楽しい。

最近はもっぱら「私がテラスハウスにいたらどう振る舞うか」って妄想に励んでいて、私の妄想だからすべて私に都合よく進むのが本当に癒される。

でも、当然現実は私に都合よくなんて進まなくて、だから面白かったこともあれば、だからしんどかったこともある。

思い出してしまった嫌な思い出を、ここからの文章で救おうと思います。

大好きな人たちのいる世界

ネガティブキャラで軽く跳ねた私だけど、こう見えて結構自分のことが好きだ。

それは多分、どんなことがあっても愛してくれる家族がそばにいてくれたり、私みたいな奴と仲良くしてくれる大好きな友達がいてくれたからで、そこに関して本当に感謝しかない。

悲しいことや辛いことがあっても、大好きな人たちがこの世界にいるっていう理由だけで、明日が楽しみになる。

「**意見はケツの穴と同じ。誰にでもある**」っていう言葉を外国のテレビ番組で聞いて以来、私はこの言葉にかなり救われていて、人に何を言われたとしても、「あ、この人にも肛門はあるからとやかく言ってくるのも当然ですな」と思えるようになった。

否定的な言葉を投げられても、自己肯定感に響いたりしないし、それってかなり強いことだ。ありがとう外国のテレビ番組。

とは言っても、この言葉に出会う前に言われた暴言ももちろんたくさんあって、そのことを私は今でも恨めしく覚えていたりするのだ。

蘇る劣等感

小学生の時、クラスで一番初めに「消しゴムで消すと色が変わるペン」を手に入れた私は「その色キモいね」というめちゃくちゃ雑な攻撃を受けた。小学生にしても雑すぎだろ。なんかもっと他にあるだろ。と今なら笑えるけど、あの時の私はすぐさま「こいつは敵」警報が体の中に鳴り響いて、咄嗟（とっさ）に「**ぺんてるに言えばぁ？**」と反撃に出た。全然反撃にならなかったけど。

中学生の時、仲良しの香織ちゃんが鼻息荒く私の席に来て「**なんか内臓脂肪が多そうとか言われたんだけど、マジで意味わかんなくない?!**」と言った。

本当に意味のわからない、斬新すぎる悪口で一瞬吹き出しそうだったけど、香織ちゃんはすごくかわいい女の子だったから、「内臓脂肪が多すぎる」っていう、もはやユーモアになっている悪口の中にきちんとした敵意が渦巻いているのを感じて、やるせなくなった。

高校生の時は、ほとんど喋ったことのない同級生が急に「背が高いってだけでブスだよね」と言ってきた。

私は……この子に一体何をしたんだろう……と思うのと同時に、「この敵は確実に叩きのめしたい」という憎悪が自分の中に湧いて、「**ちんちくりんみたいに背が低いね〜**」と言いそうになったけど既(すんで)のところで堪えた。そんなこと言ったら戦争が起きる。

これらの思い出は今となっては全然笑える思い出だ。思い出としては。

でも、この時にかけられた呪いみたいなものはなかなか消えないし笑えない。

人と違うものを持っていると気持ち悪がられるんじゃないかとか、背が高いとそれだけでモテないんじゃないかとか、そんなことないはずだとわかっていても、心の何処かに引っ掛かりができてしまっているのだ。

悲しいのに笑っちゃう

年を重ねるにつれて、自分もみんなも大人になって、露骨に攻撃的なことを言う人は減った。しかも今の私には「**意見はケツの穴と同じ。誰にでもある**」という魔法の言葉もついてるのだ。

この言葉が鳴り響いている時点でかなり無敵に近いんだけど、それでもやっぱり、ダメージを食らうことはあるのだ。「え、そこそこ会ったことあるのにそんな感じでくるう～？」っていう人って、全然いる。

あの人達は、私を「巨人じゃん～」と笑う。そんなことにも慣れて、私はその場を取り繕うために笑う。全然面白くないのに。そんなの全然面白くない。私はいやだ。

ちょっと変わった服装をしていると「宇宙人かよ～」と笑う。私はまた無理して笑う。何も面白くないのに。クソ食らえと思いながら笑う。

人にどう思われるかなんて気にせずに、自分の着たいものを着て、好きなように振る舞いたいと思いながら、好きでもない人のために無理して笑うなんて、無駄だ。

わかっていてもやってしまう。この場を白けさせてはいけないという強迫観念が働く。それと、やっぱりこれ以上傷つきたくないから。身を守るために取り繕ってしまうのだ。

不健康すぎる。こんなことはもうやめたい。嫌だ。あの人たちのことが嫌いだ。どうして、そんなに簡単に人のことを馬鹿にできるんだろう。嫌い嫌い嫌い!!

私はいつでも私の味方

私が嫌いなのはなんだろう。「巨人」と言ってくるあの人たちだろうか。それとも、嫌なことを言われているのに笑って流す自分自身だろうか。

答えは多分両方で、でも、後者の方が嫌いの度合いは高い。

その場がどんな場所であれ、私は、私が傷つくことを笑ってはいけないはずだ。

私は、何よりも私が私自身を馬鹿にしていることにショックを感じているんじゃない？　だって、私が私を大切にしないで、一体誰が大切にしてくれるっていうんだろう。

本来一番の味方であるはずの自分自身が、自分以外の側に寝返った瞬間を感じるのは、やっぱりきつい。

しかも、その同調圧力に乗っかることは、結果的に自分以外の誰かを傷つけることにも繋がるはずだ。「なんか場が盛り上がれば犠牲があってもオッケー」って空気に流されて自分を蔑ろにしているんだから、「さっき私がそのポジションやったんだから次はお前が傷ついて盛り上げる番だよ〜」って思考が働いてしまってもおかしくない。実際、この魔のバトンパスのせいで意味不明な空気になっている場を見たことあるし。

私は絶対私の味方でいたい。私だけは絶対。

誰かがそうすれば、周りの人だって「あっちの方がよさそう」と思うかもしれないし、そしたら生贄（いけにえ）の連鎖は終わるはずだ。

「巨人かよ」と笑われたら、「背が高いんだ」とはにかみたいし、「宇宙人かよ」と言われたら「スター・ウォーズが好きなんだ」と笑いたい。ちゃんと自分を大切にしたい。

「ノリが悪い」とか「堅物」みたいに思われることもあるかもしれないけど、それが一体なんだっていうんだ。

そんなことより私だろ！　私の使命はまず私を大切にすること！　愛する人を守るのはそのあとに初めてできること！　わかったか！

それに、「ノリが悪い」と思われたとしても、私にはあの魔法の言葉があるのだ。

「意見はケツの穴と同じ。誰にでもある」

誰にでもあるなら仕方ない。甘んじて受け入れるぞその評価。でも、私にも肛門はあるから言うけど、そのノリ正直古くな〜い？

「弱いところがかわいいね」なんて可愛がられ方もうやめだ

26歳になった時、今までの自分の年齢の中で一番しっくりきている感じがして、しっくりきすぎて誕生日の2週間くらい前から「26歳です」って自己紹介していた。なんでかわからないけど本当に嬉しい年齢で、同級生たちと「いよいよガチでアラサーだね」って笑うのも楽しい。だけどどうしてこんなに嬉しいの？　かたや誕生日に怯えている同級生もいて、あれ？　この違いってなんなんだろう？　ってなわけで、今回は年齢について考えてみます！　ハッピーバースデイ我々!!

「劣っている」でのコミュニケーション

年をとるのが嬉しいなと感じ始めたのはいつからだろう。

20歳になった時は「これでいよいよ大人だ」って思って、足がすくんであんまり嬉しくなかった。当時の私は仕事先で最年少なことが多くて、そのポジションが大好きだったから。

多分21になる時も22になる時も誕生日はあまり嬉しくなかったように思う。だってやっぱり、最年少のうちは何もできなくても許されるし、なんなら「できない」が後輩の仕事だったりもするのだ。それに、ちょっと生意気な口をきいても「ッッッおもしれー女……（微笑）」みたいな空気になる。「おもしれー女（微笑）」って超便利で、これがあれば大抵の無作法はなんとかなる。

「先輩達よりも劣っていること」を掲げながらのコミュニケーションは、みんなが優しくしてくれて楽しかったけど、ほんの少し、自分に対して罪悪感があった。それが葛藤の23歳。

考え方が変わったのは、24歳の時だった。今までは嬉しかったはずの「若手扱い」に急に腹が立ったのだ。「あれ？　これってもしかして、子供扱いされてナメられてない？」と感じたのは、先輩に連れていってもらったゴールデン街の店で隣に座っていた知らないおじさんに「もっと色んなものを見た方がいいよ」って30回くらい言われた時で、うるせえまずお前は自分の言ってることをちゃんと聞け、そして何度も同じ台詞を言ってるってことを理解しろ。

相手が若いとわかると自分を全知全能の神だと勘違いする大人は今までにもいた。それがなんとなく嫌だな、退屈だなとは思っていたけど、その気持ちがこの時明確になったのでした。

それと同時に「わからない」とか「できない」とかでコミュニケーションとるのって違うなって思った。わかったりできたりする方が楽しいかも。それに加えて、私の中には郊外のヤンキーみたいな面も潜んでいるから、「ナメられたくねえな」と思った。「24歳か？　若いねぇ？　いいねぇ？」よりも「え?!　24?!　もっと上かと思ってたよ！」の方が、なんか、かっけー気がし始めたの……恥ずかしいけど……。

「できる」と好いてくれないの？

そうなってからの毎日はとっても楽しくて、「しっかりしてるね」とか言われるともう最高の気分だし、自然と謎の説教をかましてくる人も減った。

でも、やっぱりいいことだけじゃないのよね……減ったのは説教好きだけじゃない。モテも減った。いや、まぁそもそも全然モテなくて苦しくはあったんですけど、なんかこう……はっきりとした形で告白されるとか、デートに誘われるとかじゃなくても……あるじゃないですか……「あ、多分この人は私のこと異性として見てるな」みたいな空気っていうの？

別にその空気があるからって何かが確実に起きるわけじゃあないんだけど、うっすらと、一応ここに種は埋まってるなみたいな雰囲気。

「年相応にしっかりしよう」と心がけるようになってから、この空気がガクンと減った。その時に私が感じたのは「あ？　やっぱり男の子って、色んな意味で幼い女の子が好きなのね」っていう淋しさ。私の背筋が伸びれば伸びるほど、モテなくなったらどうしようっていう不安。24歳なんて死ぬほどモテたいんで、どうしよう、やっぱりできないとかわかんないとか言いまくった方がいいかなぁ？　子供っぽい方がモテるかな？　今来た道を戻ろうかしらと悩んだ。

でも、その時ふと思った。私の「できないところが好き」だった場合、できるようになってしまったらどうなるんだろう。私の弱いところが好きだった場合、強くなったらどうなるんだろう。

どうなるかはわからない。強くなったらなったなりに愛し続けてくれる人だって沢山いる。でも一方で、女の子が強くなったらさよならしてまた弱い女の子の下へ向かう人もたぶん結構いるのだ。多分なんか、プライドとか？　そういうのがあるんでしょ？

私による私のための人生

だけどそれがなんだっていうんだろう。私が強くなったから、できることが増えたから、魅力を感じなくなる人がいるのならそうさせておけばいいのだ。

私は遂に、「モテるために生きているんじゃない」という大発見をした。

私は私のために生きている。今よりもう少しだけ、できることや知っていることが増えて、素敵な人間になれたらいいなと願いながら生きている。

それに気がついてから、一気に年をとることが楽しくなっていったのでした。

だって、年を重ねれば重ねるほど、私の知っていることもできることも増えていくんだもん。これはめちゃくちゃ楽しいっしょ。

しかもヤンキー的には、やっぱ年とるとその分ナメられなくなるしな。私が今一番欲しいのは貫禄。貫禄のある年のとり方をして、「クッッッ…強いな……」と言われるのが当面の夢です。

26歳。この辺りの年齢は、「世間一般」っていう、どこにいるのかわからないけど確かに存在する集合体から「アラサーじゃん」と型にはめられだす年齢で、「結婚しないの？」とか「子供産まないの？」とか「このままだとやばいよ？」とかって勝手に指されておもちゃにされる年齢だけど、それに翻弄される必要なんてゼロオブゼロだ。

「自分のために生きてるの。あなたはどう？」って聞き返してやろうよ。

そうやって、みんなで気高く年をとって生きましょう。

Hoppy

あとがき

「おしゃれないい感じの本にしたくなくて、困ったときの鍋敷きにされちゃうようなリアルな本にしたいんです」って言ったのはたぶん最初の打ち合わせの時で、喋りながら「あちゃ〜」と思ったことを覚えている。またふざけにいってんじゃん。自分で言ったくせに自分に引いちゃったよ。何かをしようって時、ふざけずにいられないのは幼稚園の頃から変わっていない。いい加減にしたい。

本を作ることは、どこかで私の夢だった。子供の頃から大好きだった本。私の世界に不可能がないのは今までに読んだ全ての本のおかげで、そんな本を自分が作るとなると、これは物凄く嬉しいのと同時に怖いことだった。

本には、裸っていうイメージがあって、他のどんな作品よりも、作者が完全な裸ん坊になるのが本だと私は思っている。自分の考えが、かなり直接、あまり多くの人を介さずに物体になるからだ。沢山の裸に救われて生きてきた。ならば私も脱がねばなるまい……と思ってたのにふざけちゃった。これじゃ駄目なんじゃないか、ちゃんと裸になることって、ふざけることじゃないんじゃないか。かといって私は、自分の裸がどんなものかがわからない。コラムを書くたびに服を一枚脱いでるつもりだけど、私は一体あと何枚の服を着ているんだろう。

ちゃんとできない私はまたふざける。服は脱げるけど皮膚は脱げなくない？　皮膚脱いで臓器ポロリはなんか違くない？　だとしたら、私のおふざけは私の皮膚だ。ふざけるのをやめたら、臓器が出ちゃって見るに耐えない。

本当の気持ちって、たぶん丸出しにお披露目すればいいってわけじゃなくて、人に届いてしまう責任を抱えながらお披露目するべきものなのだ。だってこれは鍵のかかった日記じゃないから。

そう思うと、ふざけることが私なりの責任の取り方だと思えた。はち切れそうな負の感情を、精一杯のおふざけて包んでお届けするのが、きっと私のやり方で、今までもこれからも私はそうして生きていく。

って、なんかいい感じにあとがきを書きましたけど、要するにこの本は、悪ふざけと小さじ一杯の責任感で出来ていて、一回読んだくらいじゃ見つからない余りにも細かい悪ふざけもあるから、ここまで読んでくれたみんなお疲れ！　次はカバーを外して2周目だよ！

最後の最後に、私の悪ふざけに付き合ってくれた脇田さん深井さん佐藤さん遠藤さん小園さん、そして、本にしようと言ってくれたマネージャーの比企さん。本当にありがとうラブ。

長井短

撮　　影	佐藤麻優子（カバー ,P.5,8,9.12,42,43,96,97,202）
スタイリング	遠藤リカ（カバー ,P.5,8,9.12,42,43,96,97,202）
ヘアメイク	小園ゆかり（カバー ,P.5,8,9,12,42,43,96,97,202）
衣　　装	カバー,P.5,8,9,12,202……光沢感あるサテンのスラッシュラペルフィティッドブレザー、中に着たシャツ（ともにテンダーパーソン）、カケラシルバーイヤリング（set）、レトロな服とフルーツポンチイヤリング（set）、リング2点（すべてマトリ）、その他著者、スタイリスト私物 P.42,43……すべて著者、スタイリスト私物 P.96……ティアードのキャミソール(パメオ ポーズ)、中に着たニットワンピース(ハニー ミー ハニー) P.97……ニットワンピース(ハニー ミー ハニー)、その他著者、スタイリスト私物

衣装お問い合わせ先

テンダー パーソン
info@tenderperson.com　@tenderperson（Instagram）

ハニー ミー ハニー
03-6427-4272　@honeymihoney_official (Instagram)

パメオ ポーズ 表参道本店
03-3400-0860　@pameopose(Instagram)

マトリ
info@matori.jp　@maiikejiri(Instagram)

本書は女性向け恋愛サイト「AM」（アム）の連載「長井短の内緒にしといて」（2018年2月～2019年12月に掲載されたもの）を大幅に加筆・修正したものです。
＊「AM」は従来のモテテクや婚活から自由なフリースタイル恋愛ウェブメディアです。
am-our.com

なまえ 長井短
ニックネーム みじ・ナガイマ
Twitter @ popbelop
Instagram @ 0mijika0

わたしは 1993 年 9 月 27 日生まれの 天秤 座で、
血液型は A 型だよ！性格は ネガティブってことになってるけど結構明るい
で 演劇 をやりたくて今の仕事を始めたの！
チャームポイントは 眉毛 で、そのおかげでモデルもやってるよ！
最近出たドラマは 「時をかけるバンド」 で、
動物にたとえると 動物にたとえるのが嫌い かな？？
みんなからは 思ってたのの倍うるさいね ってよく言われるかも。
好きなタイプは 亀島一徳 で、芸能人にたとえると
芸能人の本当の姿を知らないからたとえられない だよ！
最近出た映画は 「あの日々の話」 で、
「キリ番踏んだら私のターン」 っていう連載もしてるんだ！
趣味は 読書とテレビゲームと飲み会 ♪
特技は 合唱 で、他に連載中なのは 「友達なんて100人もいらない」
おやすみの日は 睡眠 して過ごしてるよ。
この本は、 2018 年から AM で連載している
「内緒にしといて」 ってコラムを加筆・修正してまとめたものなんだ！
将来の夢は また本を出す だよ！

message
メッセージ

書かせてくれてありがとう!!
今度会ったら、沢山おしゃべりしようね！
これからもよろしく♡

内緒(ないしょ)にしといて

2020年10月30日　初版

著　　者　長井短

発 行 者　株式会社晶文社
東京都千代田区神田神保町1-11　〒101-0051
電話　03-3518-4940（代表）・4942（編集）
URL　http://www.shobunsha.co.jp

印刷・製本　中央精版印刷株式会社

ISBN 978-4-7949-7198-2　Printed in Japan